Hans Bahrmann

Einführung in das methodische Konstruieren

Mit 39 Abbildungen und 20 Tafeln

Vieweg

CIP-Kurztitelaufnahme der Deutschen Bibliothek

Bahrmann, Hans
Einführung in das methodische Konstruieren. – 1. Aufl. –
Braunschweig: Vieweg, 1977.

ISBN 978-3-528-04067-3   ISBN 978-3-322-85516-9 (eBook)
DOI 10.1007/978-3-322-85516-9

1977

Satz: Vieweg, Braunschweig

Vorwort

Dieses Lehrbuch soll allen Studenten des konstruktiven Maschinenbaus sowie den Konstrukteuren in der Praxis eine Einführung in das methodische Konstruieren geben.

Die entwickelte Konstruktionsmethode nimmt besonders Rücksicht auf die Belange der Praxis in den Konstruktionsbüros, indem von Anfang an nur auf die optimale Lösung der ganz speziell vorliegenden Aufgabenstellung hingearbeitet wird. Durch dieses frühzeitige Ausschalten aller nur rein theoretischen Lösungen wird die für die Optimierung benötigte Zeit auf ein Minimum reduziert. Dieses ist eine Forderung, die mit Recht von den in der Praxis tätigen Konstrukteuren immer wieder erhoben wird.

Das Buch verzichtet bewußt auf rein theoretische Erklärung und Begründung der einzelnen Arbeitsschritte. Dem Leser stehen für ein vertiefendes Studium umfangreiche Literaturangaben zu den einzelnen Sachkapiteln zur Verfügung.

Ein wesentliches Merkmal dieses Buches sind die Arbeitsprogramme, in denen klare Anweisungen über den Ablauf des methodischen Konstruierens gegeben werden. Diese Programme sollen die Einarbeitung in das methodische Konstruieren erleichtern und beschleunigen. Die zahlreichen Beispiele — diese sind im Text durch einen Rahmen gekennzeichnet — sollen ebenso dazu beitragen, den in diesem Fachgebiet oft sehr schwierigen Übergang von der Theorie in die Praxis zu ermöglichen.

Für kritische Leserhinweise und Anregungen sind Autor und Verlag dankbar.

Koblenz, im März 1977   *Hans Bahrmann*

Inhaltsverzeichnis

1. Einleitung

Jahrzehntelang war man der Auffassung, daß nur ein in jahrelanger Praxis erworbenes „konstruktives Fingerspitzen-Gefühl" den Konstrukteur zur Schaffung guter technischer Erzeugnisse befähige. Heute sind jedoch Methoden bekannt, durch die die Konstruktionsarbeit in kleine, gut übersehbare Arbeitsschritte gegliedert wird. Die Kenntnis einer solchen Methode befähigt jeden Konstrukteur (auf seinem Fachgebiet), auch ohne jahrelange Konstruktionserfahrung durch ein systematisches Vorgehen bei der Konstruktionsarbeit in kürzester Zeit die optimale Lösung des Problems zu finden.

Die im folgenden gegebenen Anleitungen für ein methodisches Konstruieren beinhalten die allgemeinen Grundsätze für jede konstruktive Arbeit. Obwohl die Anleitungen in erster Linie auf den Bereich des Maschinenbaues bezogen sind, können sie mit geringfügigen Änderungen auch in den anderen Gebieten der Ingenieurwissenschaften verwendet werden.

Da beim methodischen Konstruieren die Konstruktionsarbeit in elementare Arbeitsschritte aufgegliedert ist, werden sich auch bei verschiedenartigen Aufgabenstellungen einzelne Schritte sehr ähneln. Diese Gleichheit oder Ähnlichkeit macht aber einen wirksamen Einsatz von verschiedenartigen Hilfsmitteln möglich, durch den auch die Konstruktionsarbeit in gewissem Umfang rationalisiert werden kann.

Die Rationalisierung der Konstruktionsarbeit durch den Einsatz von Konstruktionskatalogen, Lösungssammlungen, Datenbanken, Computern u.ä. ist heute aber mindestens genauso wichtig wie eine optimale Lösung des Problems; denn durch die immer schneller voranschreitende technische Entwicklung veralten die technischen Erzeugnisse immer schneller, sie müssen also in immer kürzeren Abständen durch modernere Produkte ersetzt werden. Hier gewinnt auch das rechnergestützte Konstruieren (CAD) zunehmend an Bedeutung.

Diese Entwicklung bringt für die Konstruktionsabteilungen aber ein ständiges Anwachsen der Arbeit, das bei dem bekannten Mangel an Konstrukteuren nur durch Rationalisierung der Konstruktionsarbeit aufgefangen werden kann.

Daß eine Rationalisierung natürlich auch die Kosten der Konstruktionsarbeit senkt, ist ein weiterer wichtiger Gesichtspunkt, der für ein methodisches Vorgehen beim Konstruieren spricht.

2. Definition der Grundbegriffe

Literatur zu Kapitel 2

VDI 2222:   Konzipieren technischer Produkte, VDI-Verlag.

VDI 2223:   Begriffe und Bezeichnung im Konstruktionsbereich, VDI-Verlag.

Als erstes müssen einige Grundbegriffe eingeführt und zum Teil auch eindeutig definiert werden, damit bei der späteren Verwendung dieser Begriffe keine Mißverständnisse auftreten.

Bisher wurde einigemal der allgemeingebräuchliche Begriff *technisches Erzeugnis* verwendet. Dieser Begriff besagt jedoch, daß der Gegenstand erzeugt oder besser gefertigt sein muß. Zum Zeitpunkt der Konstruktionsarbeit ist der Gegenstand jedoch noch nicht gefertigt, so daß die Verwendung des Begriffs technische Erzeugnisse unlogisch erscheint.

In der Fachliteratur wird häufig für den Gegenstand, der konstruiert werden soll, der allgemeine Begriff *technisches Gebilde* verwendet. Dabei wird der Begriff technisches Gebilde so weitgehend wie möglich verstanden. Auf dem Gebiet des Maschinenbaus können technische Gebilde Einzelteile, Baugruppen, Bausteine bzw. Bauelemente, Maschinen bzw. Geräte sowie ganze Anlagen sein.

Unter dem Begriff *Konstruieren* verstehen wir den Tätigkeitsablauf, in dessen Rahmen ausgehend von einer vorgegebenen Aufgabenstellung ein technisches Problem zunächst vollkommen durchdacht wird und dann für die beste der gefundenen Lösungen alle erforderlichen Unterlagen wie Zeichnungen, Stücklisten, Montageanweisungen, Betriebsanleitungen u.a. erstellt werden, so daß aufgrund dieser Unterlagen das konstruierte technische Gebilde auch hergestellt und in Betrieb genommen werden kann.

Das Konstruieren in diesem Sinne ist also eine technisch hochwertige interessante geistig-schöpferische Tätigkeit, die die Voraussetzung für die Fertigung eines technischen Gebildes schafft.

In Abbildung 2.1 ist die zentrale Stellung der Konstruktionsabteilung im Organisationsschema eines Industriebetriebes dargestellt.

Der Auftrag bzw. die Anfrage des Kunden wird vom Vertrieb an die Geschäftsleitung geleitet. Diese entscheidet auf Grund der ihr z. B. von der Forschung, der Fertigung, dem Vertrieb und der Finanzabteilung zugegangenen Informationen über die Annahme des Auftrags und gibt den Konstruktionsauftrag auf dem Befehlsweg über die technische Leitung an die Konstruktionsabteilung. Diese erhält die zur Bewältigung ihrer Aufgaben erforderlichen Informationen in erster Linie von der Forschung, der Arbeitsvorbereitung, der Fertigung, dem Vertrieb, dem Einkauf und der Finanzabteilung.

Die von der Konstruktionsabteilung erarbeiteten technischen Unterlagen gehen an die Arbeitsvorbereitung, die Fertigung, den Vertrieb, den Einkauf, die Forschung und die Finanzabteilung.

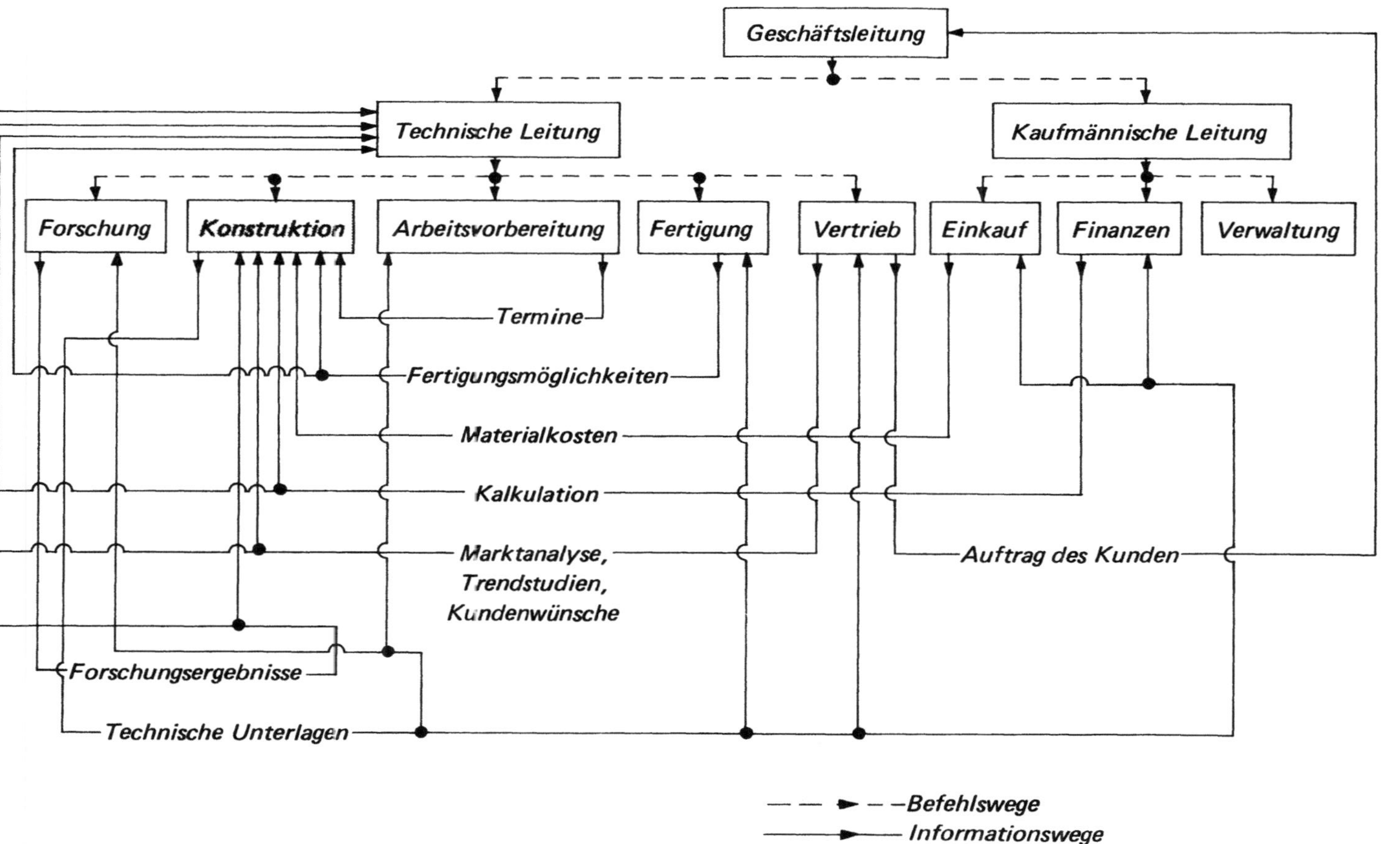

Abbildung 2.1. Die Konstruktionsabteilung im Organisationsschema eines Industriebetriebes.

Die Tätigkeit eines Konstruktionsingenieurs verlangt, das wird später noch deutlich werden, neben umfassenden technischen Fachkenntnissen auch Kenntnisse auf betriebswirtschaftlichen und fertigungstechnischen Gebieten und sollte auf keinen Fall mit der Arbeit eines Technischen Zeichners verwechselt werden.

Man kann das Konstruieren in drei Bereiche unterteilen, in das Konzipieren, das Entwerfen und das Gestalten.

Konstruieren = Konzipieren + Entwerfen + Gestalten

Das *Konzipieren* beginnt mit einer eingehenden Klärung der Aufgabenstellung und Ermittlungen über den Stand der Technik. Dann wird für die abstrahierte Aufgabenstellung die Funktionsstruktur erarbeitet. Für die in der Funktionsstruktur aufgeführten Teilfunktionen werden dann die besten Verwirklichungsmöglichkeiten gesucht. Auf Grund dieser Verwirklichungsmöglichkeiten wird schließlich ein optimales Bauprinzip aufgestellt.

Unter *Entwerfen* verstehen wir den Teilbereich des Konstruierens, in dessen Verlauf der endgültige Entwurf für das zu schaffende technische Gebilde erarbeitet wird. Zum Entwerfen gehört auch die richtige Dimensionierung aller Hauptabmessungen. Beim Entwerfen werden Unterlagen (z. B. Entwurfsskizzen) geschaffen, die den Aufbau und die Wirkungsweise des technischen Gebildes klar erkennen lassen und das sich direkt anschließende Gestalten ermöglichen.

Im Rahmen des *Gestaltens* wird auf Grund der Entwurfsunterlagen unter Berücksichtigung werkstoff- und fertigungstechnischer Gesichtspunkte die endgültige Form des technischen Gebildes festgelegt. Beim Gestalten muß jedes Detail sorgfältig durchgearbeitet und, soweit erforderlich, auch berechnet werden. Am Ende des Gestaltens müssen dann alle für die Fertigung nötigen Arbeitsunterlagen (z. B. Werkstattzeichnungen, Stücklisten, Montageanweisungen u. a.) erstellt sein.

Häufig wird im Zusammenhang mit Konstruieren auch von Entwickeln gesprochen.

Unter *Entwickeln* verstehen wir mehr als Konstruieren. Das Entwickeln umfaßt nämlich auch Tätigkeiten, die sowohl zeitlich als auch sachlich vor, neben oder nach dem Konstruieren ablaufen. Beim Entwickeln handelt es sich meist um die Schaffung neuer technischer Gebilde. Z. B. werden vor oder neben dem eigentlichen Konstruieren naturwissenschaftliche oder andere Voraussetzungen erarbeitet, untersucht oder geprüft. Das Entwickeln schließt auch die Erprobung des fertigen technischen Gebildes ein. Allgemein gesehen ist das Entwickeln also das Umfassendere, das das Konstruieren einbeschließt.

Im engeren Sinne versteht man unter Entwickeln manchmal allerdings auch nur die grundlegenden Arbeiten vor dem eigentlichen Konstruieren.

3. Allgemeine Grundsätze für die Konstruktionsarbeit

Literatur zu Kapitel 3

Baatz: Bildschirmunterstütztes Konstruieren, VDI-Verlag.

Brankamp u. a.: Rechnergestütztes Konstruieren, Beuth-Verlag.

Claussen: Konstruieren mit Rechnern, Springer-Verlag.

Haeder: Konstruieren und Rechnen, R. C. Schmidt-Verlag.

Hansen: Konstruktionswissenschaft, Hanser-Verlag.

Hildebrand: Feinmechanische Bauelemente, Hanser-Verlag.

Hildebrand: Einführung in die feinmechanischen Konstruktionen, Hanser-Verlag.

Leyer: Maschinenkonstruktionslehre, Heft 1 ÷ 6, Birkhäuser-Verlag.

Matousek: Konstruktionslehre des allgemeinen Maschinenbaues, Springer-Verlag.

Reitor/Homann: Grundlagen des Konstruierens, Girardet-Verlag.

Roediger: Die zeichnerisch-konstruktive Durchbildung von Maschinenteilen, Verlag Zeichentechnik.

Tschochner: Konstruieren und Gestalten, Girardet-Verlag.

An ein technisches Gebilde werden im Zuge der Fertigung, des Verkaufs, des Transports und der Verwendung die unterschiedlichsten Anforderungen gestellt. Diese Anforderungen muß der Konstrukteur kennen und bei der Konstruktionsarbeit berücksichtigen.

Nun lassen sich für das Konstruieren technischer Gebilde, seien es Einzelteile, Baugruppen, Bauelemente, Maschinen und Geräte oder ganze Anlagen, einige allgemeingültige Leitregeln aufstellen.

Die Beachtung dieser Leitregeln bei der Konstruktionsarbeit ist eine der wesentlichsten Voraussetzungen für die angestrebte optimale Lösung der Aufgabe.

Leitregeln für die konstruktive Arbeit:

Arbeite methodisch!

Entwerfe funktionsgerecht!

Dimensioniere beanspruchungsgerecht!

Gestalte werkstoffgerecht!

Gestalte fertigungsgerecht!

Gestalte formschön!

Konstruiere bedienungsgerecht!

Konstruiere möglichst wartungsfrei!

Konstruiere betriebssicher!

Konstruiere umweltfreundlich!

Konstruiere wirtschaftlich!

Die vorstehenden Leitregeln gelten speziell für den Bereich des Maschinenbaus. Durch sinnvolle Änderungen sind sie aber auch für die anderen Ingenieurwissenschaften anwendbar.

Es sei ausdrücklich betont, daß es sich um Leitregeln, also Empfehlungen handelt und nicht um verpflichtende Gesetze. Der Konstrukteur muß immer wieder neu überlegen, welche der Leitregeln für seine vorliegende Aufgabe besonders wichtig sind und welche eventuell bei Widersprüchen zurückstehen müssen.

Im folgenden sollen diese Leitregeln nun näher erläutert werden.

3.1. Methodisches Arbeiten

Literatur zu Abschnitt 3.1

Beier: Heuristische Methoden des Operations Research, Akademische Verlagsgesellschaft W.

Hofstätter: Gruppendynamik, Kritik der Massenpsychologie, Rowohlt-Verlag.

Holliger: Handbuch der Morphologie, MIZ-Verlag.

Holliger: Kreative Methoden, MIZ-Verlag.

Müller: Grundlagen der systematischen Heuristik, Dietz-Verlag.

VDI 2222: Konzipieren technischer Produkte, VDI-Verlag.

Zwicky: Entdecken, Erfinden, Forschen im morphologischen Weltbild, Droemer-Knaur-Verlag.

Wie bei jeder anderen Arbeit, sollte man auch beim Konstruieren methodisch vorgehen. Es darf auf keinen Fall dem Zufall überlassen bleiben, ob man für die gestellte Aufgabe eine befriedigende, eine gute oder die optimale Lösung findet.

Die optimale Lösung eines Problems findet man in der Regel durch ein systematisches Vorgehen und Arbeiten immer am schnellsten und was oft noch wichtiger ist, man findet mit Sicherheit die optimale Lösung.

Daß auch ein erfahrener Konstrukteur, der ohne jede Methodik arbeitet und sich nur auf sein Fingerspitzengefühl verläßt, die otpimale Lösung nur durch Zufall finden kann, zeigt die folgende Rechnung.

> Wenn z. B. ein Gerät aus 5 Bauelementen zusammengebaut werden muß, für jedes der benötigten 5 Bauelemente aber 5 verschiedene Ausführungsformen zur Verfügung stehen, dann ergeben sich für das Gerät 5^5 also 3.125 verschiedene Kombinationsmöglichkeiten. Nur eine davon aber ist die optimale Lösung.

Daß dieses Beispiel bezüglich der Zahl der Kombinationsmöglichkeiten eher zu niedrig als zu hoch angesetzt ist, zeigen die später angegebenen Beispiele ganz normaler Konstruktionsaufgaben.

Die großen Erfolge, die man mit der Wertanalyse bei der Verbesserung und Optimierung von bereits in der Fertigung befindlichen Produkten erzielte, beweisen, daß in vielen Fällen der Konstrukteur die optimale Lösung nicht gefunden hatte.

Daraus ergibt sich aber folgerichtig die Schlußfolgerung:

> *Die Methoden der Wertanalyse müssen bereits bei der Konstruktionsarbeit ange-*
> *wendet werden, damit nur optimale Lösungen in die Fertigung kommen.*

Die Anwendung wertanalytischer Methoden beim Konstruieren wird im Abschnitt 4 eingehend behandelt, hier soll zunächst noch über andere Arbeitsmethoden gesprochen werden.

Die auch beim Konstruieren ständig anfallenden Routinetätigkeiten sollten, soweit wie möglich, durch ordnende Hilfsmittel wie Schemata, Formulare, Karteikarten, Kataloge u. ä. erleichtert und bezüglich des Zeitaufwandes verkürzt werden.

Der Schwerpunkt der konstruktiven Arbeit liegt aber wie bereits erwähnt im geistig-schöpferischen Bereich, genauer gesagt beim Nachdenken über neue Möglichkeiten der Lösungsfindung. Der Denkprozeß ist also beim Konstruieren von ausschlaggebender Bedeutung, daher soll er zunächst etwas genauer analysiert werden.

Ein *Denkprozeß* kann bewußt, vorbewußt oder unbewußt ablaufen. Beim bewußten Denkprozeß werden die Inhalte des Denkens, die Ideen, bewußt gesteuert und zu einer Gedankenkette zusammengefügt. Das vorbewußte Denken ist durch eine ungeordnete Folge oft phantastischer Ideen gekennzeichnet. Unbewußte Denkprozesse werden von unkontrollierbaren Gedanken-Assoziationen oder Empfindungen ausgelöst und sind nicht steuerbar.

Die Lösung eines Problems kann man nur durch einen bewußten Denkprozeß finden, wobei häufig auch beim bewußten Denken Ideen aus dem vorbewußten und unbewußten Bereich einfließen.

Beim bewußten Denkprozeß unterscheidet man zwei Typen, das bewußte, schrittweise oder diskursive Denken und das einfallsbetonte oder intuitive Denken.

Beim intuitiven Denken wird man sich ganz plötzlich einer Erkenntnis bewußt, ohne angeben zu können, wie man zu dieser Erkenntnis gekommen ist. Beim diskursiven Denken dagegen werden verschiedene Ideen analysiert und zu einer Gedankenkette verknüpft. Dabei kann man die schrittweise Entwicklung der Erkenntnis genau verfolgen und angeben.

Der Konstrukteur muß bei der Verbesserung oder Neukonstruktion technischer Gebilde zielgerichtete diskursive Denkprozesse abwickeln, um die optimale Lösung seines Problems zu finden. Wenn er im Zug einer diskursiven Gedankenkette plötzlich eine intuitive Erkenntnis hat, so ist dies natürlich sehr zu begrüßen, da es den Denkprozeß verkürzt, aber warten auf eine Intuition kann der Konstrukteur in der Regel nicht. Erfahrungsgemäß wird das intuitive Denken jedoch durch diskursives Denken vorbereitet und gefördert.

Die *Heuristik,* das ist die Lehre vom methodischen Suchen und Finden von Lösungen für ein Problem, hat verschiedene Methoden entwickelt, wie ein diskursiver Denkprozeß zielbewußt gesteuert werden kann.

Bei der *Methode des Fragens* stellt man zielbewußte Fragen, die auf die Lösung des Problems gerichtet sind. Schon bei der Aufstellung der Fragen wird der Denkprozeß angeregt, so daß sich aus einer Frage neben der Antwort meist eine neue Frage ergibt, die die Lösungsfindung vorantreibt.

Bei der *Methode des Vorwärtsschreitens* beginnt man mit der Anfangssituation des Problems und sucht alle denkbaren Wege, die von dieser Anfangssituation wegführen.

Die *Methode des Rückwärtsschreitens* betrachtet die Zielsituation des Problems und sucht alle denkbaren Wege, die in diese Zielsituation einmünden.

Die *Methode der Analogie* überträgt das Problem in ein anderes Problemfeld, für das die Lösung leichter erscheint. Die gefundene Lösung für das analoge Modell wird dann wieder in das ursprüngliche Problemfeld zurückübertragen.

Die Anwendung geeigneter heuristischer Methoden wird die Erfolgschance bei der Lösungsfindung durch einen zielgerichteten Denkprozeß wesentlich verbessern. Daher sollte sich der Konstrukteur in diesen Methoden üben.

Die Erfolgschance eines einzelnen Konstrukteurs wird durch einen fachlichen Dialog mit einem zweiten Fachmann merklich vergrößert, da ein solcher Fachdialog erfahrungsgemäß den Denkprozeß günstig beeinflußt. Wenn das Problem die fachlichen Grenzen des Konstrukteurs überschreitet, ist eine Diskussion in einer funktionstüchtigen Gruppe von aufgeschlossenen, vorurteilslosen Fachleuten verschiedener Bereiche zu empfehlen.

3.2. Funktionsgerechtes Entwerfen

Literatur zu Abschnitt 3.2

Brandenberger: Funktionsgerechtes Konstruieren. Schweizer Druck- und Verlagshaus.

Jedes technische Gebilde muß so entworfen (und gefertigt) werden, daß es die ihm gestellte Aufgabe einwandfrei erfüllen kann, daß es also seiner Funktion gerecht wird, daß es funktioniert.

Dieses ist die wichtigste Forderung, die beim Konstruieren überhaupt gestellt werden kann. Gegenüber der Hauptregel „Entwerfe funktionsgerecht!" müssen alle anderen Leitregeln zunächst zurücktreten. Natürlich müssen auch die anderen Leitregeln weiter beachtet werden, aber in Zweifelsfällen bzw. bei Widersprüchen geht die Forderung nach funktionsgerechtem Entwurf vor.

> Wenn die Aufgabe z. B. klar und eindeutig besagt, daß ein Lastwagen mit 5 Tonnen Tragfähigkeit konstruiert werden soll, und an dieser Aufgabenstellung auch nichts mehr geändert werden kann, dann muß man die beste Lösung für diese Aufgabe suchen, selbst wenn man wüßte, daß die optimale Lösung für Lastwagen grundsätzlich bei beispielsweise 4 Tonnen Tragfähigkeit liegt. Aber ein 4-Tonner-Lastwagen kann eben nicht z. B. ein großes Gußstück mit einem Gewicht von 5 Tonnen transportieren.
>
> Oder wenn verlangt wird, für den Einsatz in einer vollautomatisch arbeitenden Fertigungsanlage eine Spannvorrichtung zu konstruieren, so muß auch diese Spannvorrichtung unbedingt vollautomatisch arbeiten. Eine noch so gute von Hand zu bedienende Spannvorrichtung nutzt da nichts, sie würde der verlangten Funktion nicht gerecht.

Je besser ein technisches Gebilde seine Funktionen erfüllen kann, desto höher wird in der Regel sein technischer Wert sein.

3.3. Beanspruchungsgerechtes Dimensionieren

Literatur zu Abschnitt 3.3

Hildebrand: Feinmechanische Bauelemente, Hanser-Verlag.
Köhler/Rögnitz: Maschinenteile, Teubner-Verlag
Niemann: Maschinenelemente, Springer-Verlag.
Roloff/Matek: Maschinenelemente, Vieweg-Verlag.

Die in einem technischen Gebilde auftretenden Beanspruchungen bestimmen (neben dem gewählten Werkstoff) seine Abmessungen. Die Abmessungen eines technischen Gebildes bestimmen aber ganz wesentlich mit die konstruktiven Lösungsmöglichkeiten.

So können beispielsweise die Lösungsmöglichkeiten für ein und dasselbe Problem im Bereich der Feinmechanik ganz andere sein wie im Bereich des Schwermaschinenbaues.

> So kommen für die Aufgabe, zwei Blechteile fest zu verbinden, bei 1 mm Blechdicke, unter anderem auch Bördelverbindungen, Sickenverbindungen, Falzverbindungen oder Verlappungsverbindungen in Betracht, während diese Verbindungsarten bei einer Dicke der Blechteile von 10 mm wirtschaftlich nicht anwendbar sind.

Die Dimensionierung der Hauptabmessungen sollte also immer so früh wie möglich erfolgen, damit nicht unnötig theoretische Lösungswege weiterbearbeitet werden, die aufgrund der Abmessungen gar nicht ausführbar sind.

Die Wichtigkeit der beanspruchungsgerechten Dimensionierung ergibt sich auch aus den folgenden Überlegungen. Sind die Abmessungen eines technischen Gebildes zu klein, so wird es im Betrieb infolge Überbeanspruchung ausfallen; die Konstruktion ist also unbrauchbar. Sind die Abmessungen zu groß, so wird das technische Gebilde unnötig groß, schwer und teuer; die Konstruktion ist unwirtschaftlich.

Bei der Dimensionierung ist unbedingt zu beachten, daß man sich auf die Hauptabmessungen beschränkt; denn je mehr Abmessungen man festlegt, desto mehr schränkt man die Gestaltungsmöglichkeiten ein. Also nicht zu früh zu viel berechnen.

Gerade was die Berechnung im Rahmen der Konstruktionsarbeit anbelangt, findet man unter den Konstrukteuren die unterschiedlichsten Meinungen. Daher soll dieser Punkt hier noch etwas eingehender behandelt werden.

Manche Konstrukteure neigen dazu, zunächst alles zu berechnen und sich erst dann der Gestaltung zuzuwenden. In diesem Fall müssen häufig bereits rechnerisch festgelegte Abmessungen beim Gestalten wieder geändert werden, da sich die Bauteile nicht in die Gesamtkonstruktion einpassen oder weil für die Berechnung getroffene Annahmen bezüglich Abständen, Belastungen o. ä. nicht eingehalten werden können. Das kostet häufig viel unnötige Rechenzeit.

Das andere Extrem ist, zunächst nur zeichnerisch zu arbeiten und erst nach Vollendung der Gestaltung die wichtigsten Bauteile nachzurechnen. Dies ist eine leider in den Konstruktionsbüros noch häufig anzutreffende Arbeitsweise, die zur Folge haben kann, daß die fertigen Zeichnungen nachträglich geändert werden müssen, da die Bauteile der Festigkeitsüberprüfung nicht genügten. Wertvolle Arbeitszeit wird auch dabei nutzlos vertan. Der richtige Weg liegt wie so oft in der Mitte zwischen den beiden Extremen. Rechnen und Gestalten dürfen nicht nacheinander erfolgen, sondern müssen nebeneinander ablaufen.

Empfehlenswert ist es, zuerst nur die Hauptabmessungen festzulegen und damit die Konzipierung bis zum optimalen Bauprinzip voranzutreiben. In der anschließenden Entwurfsphase müssen zeichnerischer Entwurf und Überschlagsrechnungen für alle wichtigen Teile nebeneinander erfolgen. In der Gestaltungsphase erfolgt dann ebenfalls parallel zur endgültigen Festlegung der Gestalt der Festigkeitsnachweis für alle nennenswert belasteten Teile.

3.4. Werkstoffgerechtes Gestalten

Literatur zu Abschnitt 3.4

Dubbel: Taschenbuch für den Maschinenbau, Bd. 1, Springer-Verlag.
Hütte: Des Ingenieurs Taschenbuch, Bd. 1, Verlag Ernst und Sohn.
Hütte: Des Ingenieurs Taschenbuch, Stoffhütte, Verlag Ernst und Sohn.
Sieker/Rabe: Fertigungs- und stoffgerechtes Gestalten in der Feinwerktechnik, Springer-Verlag.
Taprogge: Konstruieren mit Kunststoffen, VDI-Verlag.
Weißbach: Werkstoffkunde und Werkstoffprüfung, Vieweg-Verlag.
Aluminium-Taschenbuch, Aluminium-Verlag.
Konstruieren mit Gußwerkstoffen, Gießerei-Verlag.

Der richtigen Werkstoffauswahl kommt bei der konstruktiven Arbeit eine große Bedeutung zu, da der Werkstoff mehrere andere Teilgebiete im Rahmen der Gesamtkonstruktion direkt beeinflußt.

So bestimmen die Festigkeitseigenschaften (insbesondere die zulässigen Spannungen) ganz wesentlich die erforderlichen Abmessungen des technischen Gebildes. Die Verwendung hochfester Werkstoffe anstelle von Werkstoffen normaler Festigkeit erlaubt in der Regel eine Verringerung der Querschnitte der tragenden Teile. Damit wird das technische Gebilde leichter und gegebenenfalls auch kleiner; allerdings müssen eventuelle Kostenänderungen beachtet werden.

In Tafel 3-1 sind für verschiedene Schrauben die Kraft an der Mindest-Streckgrenze, die als maximal zulässige Belastung F_{zul} angesehen werden kann, und die bei dieser Belastung bis zum Bruch der Schraube noch vorhandene Sicherheit S_B angegeben. Wie der Vergleich zeigt, erreicht man bei Verbesserung der Schraubenqualität die gleiche Tragfähigkeit schon bei wesentlich kleineren Gewinden, allerdings unter Inkaufnahme einer geringeren Bruchsicherheit.

Tafel 3-1. Vergleich verschiedener Schrauben mit
etwa gleicher zulässiger Belastbarkeit.

Schraube	Belastbarkeit F_{zul} in N	Bruchsicherheit S_B
M 30– 3.6	101 200	1,70
M 24– 5.6	105 800	1,67
M 16– 8.8	100 500	1,25
M 14–10.9	103 500	1,10
M 12–14.9	106 200	1,10

Bei der formgebenden Gestaltung des technischen Gebildes müssen die speziellen Eigenschaften des vorgesehenen Werkstoffes beachtet werden. So hat z. B. Graugruß nur eine relativ geringe Zugfestigkeit. Man wird Graugußteile im allgemeinen also so gestalten müssen, daß in ihnen keine oder nur geringe Zug- bzw. Biegezugspannungen auftreten.

In Abbildung 3.1 ist der Spannungsverlauf in einem symmetrischen Doppel-T-Querschnitt und in einem unsymmetrischen T-Querschnitt aus Grauguß bei Biegebeanspruchung dargestellt. Im Doppel-T-Querschnitt ist die größte auftretende Druckspannung nur etwa 1,5mal so groß wie die größte Zugspannung. Das gibt aber eine ungünstige Ausnutzung des Querschnitts im Druckbereich, denn bei Grauguß ist das Verhältnis der zulässigen Spannungen $\sigma_{z_{zul}}/\sigma_{d_{zul}} \approx 1/3$. Eine bessere Ausnutzung des Materials erreicht man beim T-Querschnitt, bei dem man die Abmessungen so festlegt, daß

$$\sigma_{z_{max}}/\sigma_{d_{max}} = \sigma_{z_{zul}}/\sigma_{d_{zul}} \approx 1/3 \quad \text{wird.}$$

Der Werkstoff ist mitbestimmend für die Form des Werkstückes. Ändert man beispielsweise für ein fertig konstruiertes technisches Gebilde nachträglich den Werkstoff, so ist genau zu prüfen, ob nicht auch die Gestalt geändert werden muß. Andererseits kann man feststellen, andere Werkstoffe ermöglichen andere Werkstückformen. Strebt man z. B. eine bestimmte Gestalt des technischen Gebildes an, kann diese mit dem gewählten Werkstoff aber nicht erreichen, so hilft unter Umständen ein Wechsel des Werkstoffes weiter.

Die Wahl des Werkstoffes hat häufig auch Auswirkungen auf die anwendbaren Fertigungsverfahren. So sind beispielsweise einige nichtrostende hochlegierte Stähle und einige

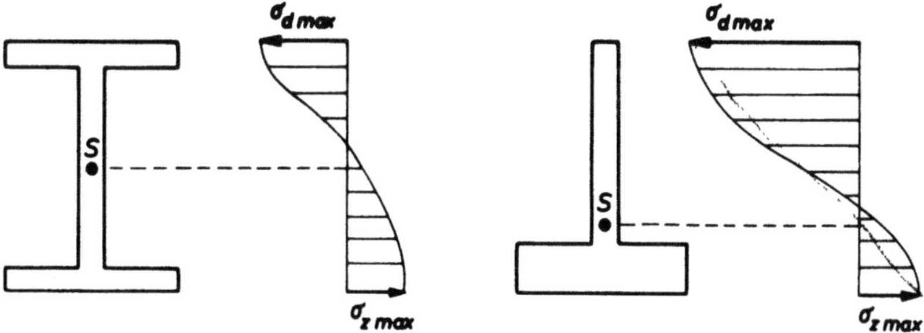

Abbildung 3.1. Spannungsverlauf bei Biegebeanspruchung in verschiedenen Grauguß-Querschnitten.

Al-Mg-Legierungen praktisch nicht schweißbar, so daß für diese Werkstoffe Schweißen als Fertigungsverfahren entfällt. Andererseits muß der Konstrukteur, wenn er beispielsweise ein Werkstück als Gußteil konzipiert, auch einen Gußwerkstoff wählen. Viele für den betrieblichen Einsatz eines technischen Gebildes wichtige Fragen wie Korrosion, Wartung, Verschleiß, Lebensdauer u.a. werden ebenfalls vom Werkstoff mitbestimmt.

Schließlich sei auch noch auf die große Bedeutung der Werkstoffwahl für die Herstellungskosten eines technischen Gebildes hingewiesen. Dabei muß man beachten, daß in diesem Zusammenhang neben den eigentlichen Materialkosten auch an den Einfluß des Werkstoffes auf das Fertigungsverfahren und damit an die Fertigungskosten gedacht werden muß.

Auswahlgesichtspunkte für den Werkstoff:

Ausreichend hohe Festigkeit.

Geeignete Dehnung und Elastizität.

Ausreichend hohe Verschleißfestigkeit.

Ausreichende Lebensdauer.

Ausreichender, den Umwelteinflüssen angemessener Schutz gegen Korrosion. (Eventuellen Transport nicht vergessen).

Erfüllung bestimmter Werkstoffeigenschaften hinsichtlich z. B. Magnetismus, Dämpfung, elektrischem Widerstand u. ä.

Geeignete Dichte.

Ausführbarkeit der vorgesehenen Werkstückform.

Durchführbarkeit des vorgesehenen Fertigungsverfahrens.

Verwendung von Halbzeugen.

Möglichst geringe Kosten.

Wie aus dem Vorhergehenden ersichtlich, ist die Werkstoffwahl ein entscheidender Schritt im Rahmen der Konstruktionsarbeit, da der ausgewählte Werkstoff weitere Entscheidungen stark beeinflußt.

3.5. Fertigungsgerechtes Gestalten

Literatur zu Abschnitt 3.5

Brandenberger: Fertigungsgerechtes Konstruieren, Schweizer Druck- und Verlagshaus.
Hütte: Taschenbuch für Betriebsingenieure, Bd. 1, Verlag Ernst und Sohn.
Rögnitz/Köhler: Fertigungsgerechtes Gestalten im Maschinen- und Gerätebau, Teubner-Verlag.
Schreyer: Konstruieren mit Kunststoffen, Hanser-Verlag.

Obwohl die Fertigung scheinbar mit der Konstruktion nichts zu tun hat, ist das Fertigungsverfahren für die Abmessungen, die Form, den Werkstoff und besonders auch für die Kosten des Werkstückes mit von ausschlaggebender Bedeutung.

Wie bereits erwähnt, beeinflussen aber auch Abmessungen, Form und Werkstoff von sich aus das Fertigungsverfahren, so daß zwischen diesen Größen eine Wechselwirkung vorliegt.

Bei der Konstruktionsarbeit, insbesondere bei der Gestaltung, muß daher von Anfang an die Fertigung des technischen Gebildes mit berücksichtigt werden, damit eine fertigungsgerechte Gestalt gefunden wird.

Abbildung 3.2 zeigt verschiedene Ausführungsformen für einen einfachen Hebel mit zwei Lagerbohrungen aus dem Bereich des Schwermaschinenbaus. Skizze a: Hebel in Form gegossen, Lagerbohrungen plangedreht und gebohrt. Skizze b: Hebel im Gesenk geschmiedet, Lagerbohrungen plangedreht und gebohrt. Skizze c: Stabmaterial abgesägt und Lagerbohrungen gebohrt. Skizze d: Hohlprofil abgesägt und für die Aufnahme der Buchsen gebohrt, Lagerbuchsen aus Rundmaterial abgestochen, plangedreht und gebohrt, Lagerbuchsen in die Bohrungen des Hohlprofils eingepaßt und verschweißt bzw. verlötet oder verklebt.

Das richtige Fertigungsverfahren und damit auch die richtige Gestaltung hängen auch sehr stark von der für das technische Gebilde vorgesehenen Stückzahl ab. So wird man z. B. den in Abbildung 3.2 dargestellten Hebel bei großen Serien als Guß- oder als Schmiedekonstruktion ausführen, während man bei Einzelteilfertigung oder Kleinserien die Fertigung aus Stabmaterial bzw. Hohlprofil vorziehen wird. Entsprechend wird man ein Drehteil bei Einzelfertigung auf einer normalen Drehmaschine, bei mittlerer Serienfertigung auf einer Revolvermaschine und bei Massenfertigung auf einem Automaten herstellen. Ein Getriebegehäuse wird man wahrscheinlich bei Einzelfertigung und kleineren Serien als Schweißkonstruktion, bei größeren Serien bzw. Massenfertigung als Gußkonstruktion ausführen. Die Gestalt wird dabei jeweils dem Fertigungsverfahren anzupassen sein.

Auch die Montagemöglichkeiten, Transportprobleme und Fragen der Wartung und Reparatur bestimmen manchmal mit das Fertigungsverfahren.

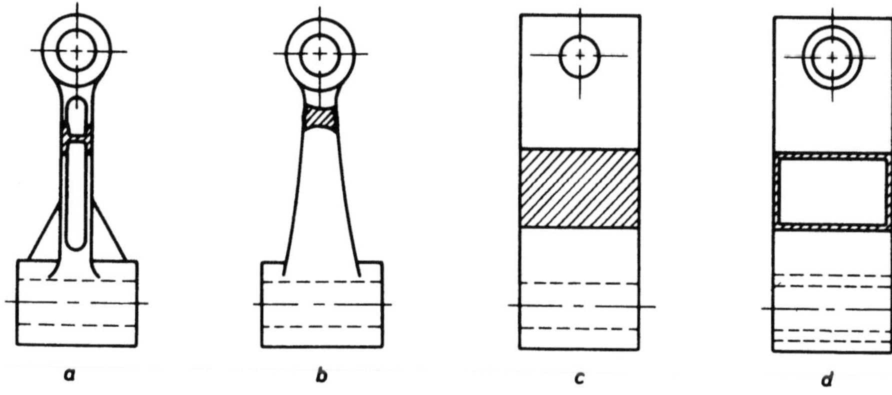

Abbildung 3.2. Hebel in verschiedenen Fertigungsverfahren.

Die Ermittlung des richtigen bzw. optimalen Fertigungsverfahrens ist im wesentlichen eine
Frage der mit den verschiedenen Fertigungsverfahren verbundenen Kosten, jedoch müssen
unbedingt auch die innerbetrieblichen Möglichkeiten beachtet werden. Daher ist meist
schon am Anfang der Konstruktionsarbeit eine Verständigung und Absprache mit den
verantwortlichen Fertigungsingenieuren ratsam.

3.6. Formschönes Gestalten

Literatur zu Abschnitt 3.6

Braun/Feldweg: Normen und Formen industrieller Produktion, Mayer-Verlag.
Katz: Gestaltpsychologie, Schwabe-Verlag.
VDI 2224: Formgebung technischer Erzeugnisse, VDI-Verlag

In den letzten Jahren hat sich immer mehr die Erkenntnis durchgesetzt, daß technische
Gebilde nicht nur unter technischen und wirtschaftlichen Gesichtspunkten gestaltet werden dürfen, sondern daß auch die äußere Form ansprechend wirken muß.

Entsprechende Untersuchungen haben eindeutig ergeben, daß durch eine ästhetische Form
und eine ansprechende freundliche Farbe eines Arbeitsgerätes das Bedienungspersonal
psychisch positiv beeinflußt wird, die Arbeit macht mehr Freude. Mit steigender Arbeits-
freude werden aber die physischen Belastungen der Arbeit leichter ertragen, dies wiederum
bewirkt, daß die Ausschußquote sinkt, die Zahl der Betriebsunfälle sich verringert und
die Arbeitsleistung steigt.

Nicht nur in der Verbrauchsgüter-Industrie, sondern auch in der Investitionsgüter-Indu-
strie entscheiden daher heute Form und Farbe neben Qualität und Preis mit über den
Verkaufserfolg eines technischen Gebildes.

Aus diesem Grund wurden Berufe wie der technische Formgestalter und der Designer geschaffen, die heute den Konstrukteur in einer formschönen Gestaltung unterstützen
können. Man sollte sie, falls erforderlich, möglichst früh an der Gestaltungsarbeit be-
teiligen, um mit ihnen Hand in Hand arbeiten zu können.

Wenn keine formgeberische Beratung zur Verfügung steht, sollte man sich, was die äußere
Gestalt eines technischen Gebildes angeht, an die folgenden Empfehlungen halten.

Grundregeln für eine ästhetische Formgebung:

Einfache proportionale Grundformen anstreben.

*Hervorstehende Teile möglichst vermeiden, damit das technische Gebilde möglichst
geschlossen wirkt.*

*Modische Extreme vermeiden, ein technisches Gebilde sollte in der Regel unauffäl-
lig und schlicht wirken.*

Oberflächen unaufdringlich und zweckbetont gestalten.

Größere Flächen aufgliedern.

Teilformen sollen untereinander und mit der Grundform harmonieren.

*Form und Farbe nach Möglichkeit dem voraussichtlichen Verwendungsort anpas-
sen und in ihren Wirkungen aufeinander abstimmen.*

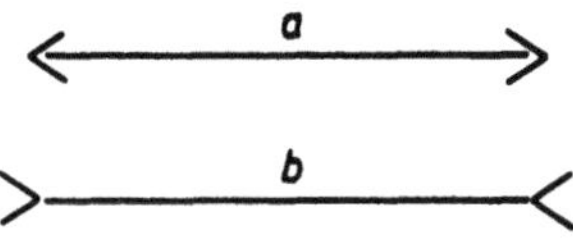

Gerade a wirkt kürzer als die gleich lange Gerade b.

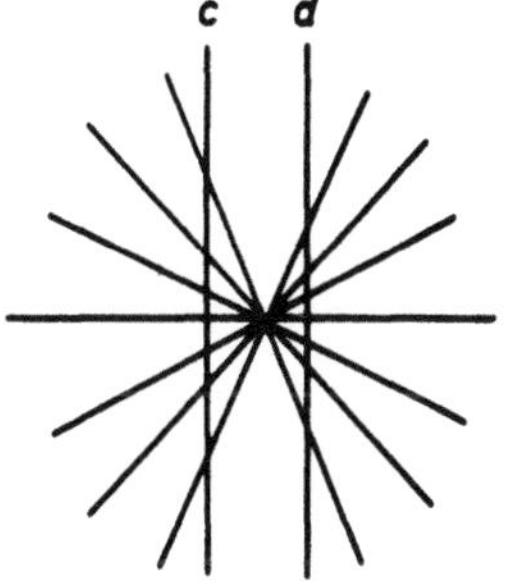

Die parallelen Geraden c und d erscheinen gekrümmt.

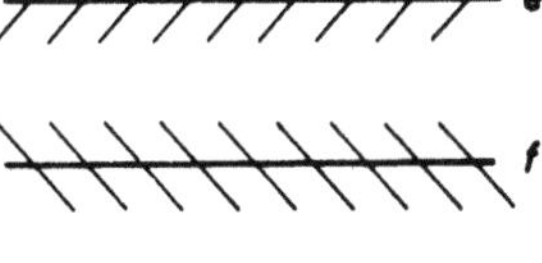

Die parallelen Geraden e, f und g scheinen zusammenzulaufen.

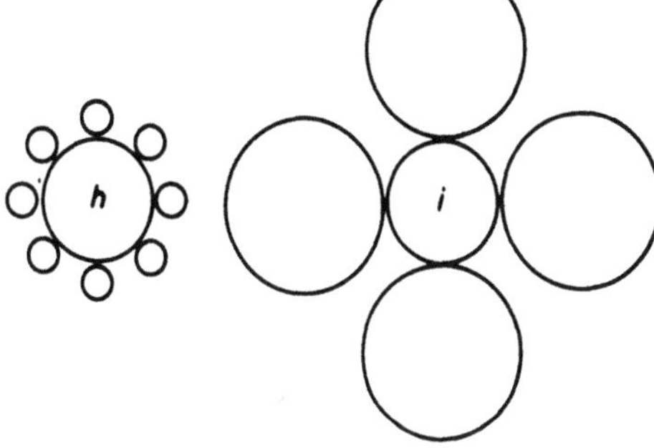

Der Kreis h erscheint größer als der gleich große Kreis i.

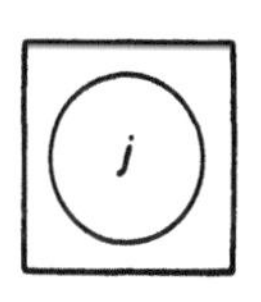

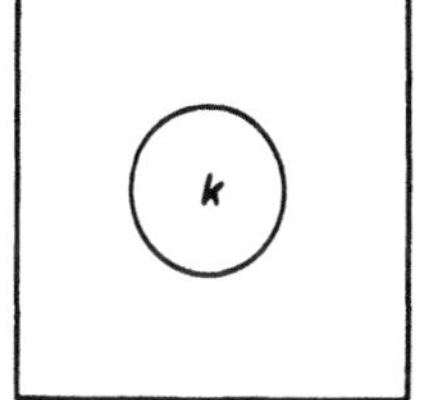

Der Kreis j erscheint größer als der gleich große Kreis k.

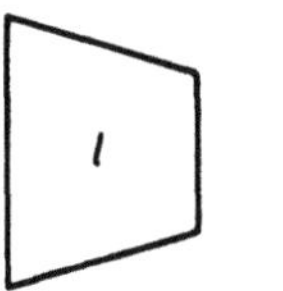

Das Trapez l erscheint kleiner als das gleich große Trapez m.

Der Kreis n erscheint größer als der gleich große Kreis o.

Abbildung 3.3. Optische Täuschungen.

Bei Einhaltung dieser Empfehlungen wird man mit einer ansprechenden Form des technischen Gebildes rechnen können.

Jeder kennt Beispiele für diese Grundregeln. Denken Sie bitte an die Gestaltänderungen von technischen Gebilden, wie z. B. Telefonapparate, Kaffeemühlen, Staubsauger, Schreibmaschinen u.ä. im Laufe der Zeit. Bei diesen Produkten hat sich über längere Zeiträume technisch nur wenig geändert, die Formen aber wurden laufend stilistisch verbessert. Dieselbe Tendenz wie bei solchen Verbrauchsgütern hat man aber auch in zunehmendem Maße bei Investitionsgütern. Als Beispiel sei nur auf die jedem Techniker bekannten Formentwicklungen bei den Werkzeugmaschinen hingewiesen.

Auch bei der Farbgebung stellt man ähnliche Tendenzen fest. Hier geht die Entwicklung ganz deutlich von den dunklen und gedeckten Farben hin zu den hellen freundlichen Farben.

Welche Effekte man mit einfachsten Mitteln erreichen kann, zeigen die in Abbildung 3.3 zusammengestellten optischen Täuschungen.

3.7. Bedienungsgerechtes Konstruieren

Literatur zu Abschnitt 3.7

Kirchner/Rohmert: Ergonomische Leitregeln zur menschengerechten Arbeitsgestaltung, Hanser-Verlag.
REFA: Methodenlehre des Arbeitsstudiums, Hanser-Verlag.
Schmidt: Ergonomie, Oldenbourg-Verlag.
Schmidtke: Ergonomie, Hanser-Verlag.
Wieser: Menschengerechte Arbeitsplatzgestaltung im Betrieb, Hanser-Verlag.

Die Bedienungsmöglichkeit eines technischen Gebildes bestimmt ganz wesentlich mit seine Leistungsfähigkeit und damit seinen Nutzwert. Diesen Punkt darf man bei der Konstruktionsarbeit auf keinen Fall in seiner Bedeutung unterschätzen.

Die Bedienungseinrichtungen eines technischen Gebildes sollen daher übersichtlich und gut erreichbar angeordnet und möglichst eindeutig gekennzeichnet sein. Bei Großanlagen wie z. B. Kraftwerken sind zentrale Bedienungs- und Steueranlagen empfehlenswert.

Der Bedienungsmechanismus sollte so einfach und narrensicher wie nur möglich ausgeführt werden. Gegen besonders gefährliche Fehlbedienungen sollten Sperren vorgesehen werden.

Die *Ergonomie* hat die Beanspruchbarkeit des Menschen analysiert und Erkenntnisse gesammelt, um auf der einen Seite eine physische und psychische Überforderung bei der Berufstätigkeit zu verhindern, und auf der anderen Seite, was sich genau so negativ auswirken kann, muskelmäßige und geistige Unterbeanspruchung bei der Arbeit zu vermeiden.

Dabei befaßt sich die Ergonomie insbesondere mit der anthropometrischen Gestaltung der Arbeitsmittel, das heißt der richtigen Anpassung der Arbeitsmittel, insbesondere auch der Bedienungseinrichtungen, an die Körpermaße, dem physiologischen und bewegungstechnischen Ablauf der Arbeit sowie neben Fragen der Sicherheit und des Umwelteinflusses auch mit dem Informationsfluß während der Arbeit.

Die ergonomische Arbeitsgestaltung muß bereits vom Konstrukteur berücksichtigt werden, denn er bestimmt durch seinen Entwurf weitgehend diese Probleme im voraus.

Als Beispiel für ergonomische Arbeitsplatzgestaltung sei das Kraftfahrzeug herangezogen.

In modernen Kraftfahrzeugen kann der Fahrer den Sitz seinen Körpermaßen anpassen. Alle wichtigen Bedienungseinrichtungen, die vom Fahrer während der Fahrt betätigt werden müssen, wie z. B. Kupplung, Schaltung, Bremse, Hupe, Fahrtrichtungsanzeiger, Beleuchtung und auch das Radio, sind so angebracht, daß sie vom Fahrer ohne Veränderung seiner Sitzposition erreicht werden können, dabei braucht er die Hände nie weit vom Lenkrad entfernen. Zum Lenken, Kuppeln und Bremsen ist nur ein geringer Kraftaufwand erforderlich. Eindeutig gekennzeichnete Kontrolleinrichtungen, die gut im Blickfeld liegen, geben dem Fahrer alle erforderlichen Informationen über den Betriebszustand des Fahrzeugs. Der Innenraum des Fahrzeuges ist weitgehend gegen unangenehme Umgebungseinflüsse wie z. B. die Motorgeräusche geschützt. In puncto Sicherheit wird für die Insassen viel getan, und auch die Bedienungseinrichtungen sind gegen schwerwiegende Fehlbedienungen gesichert, so kann der Rückwärtsgang nur nach Überwindung einer besonderen Sperre eingelegt werden, eine Verwechselung mit einem der Vorwärtsgänge ist also kaum möglich. Vergleichen Sie bitte die eben aufgezählten Punkte mit den Ausführungen bei älteren Kraftfahrzeugen.

Wie wichtig die Arbeiter in der Regel die Bedingungen ihres Arbeitsplatzes nehmen, zeigen entsprechende Befragungen. Die Höhe des Einkommens und die Arbeitsplatzbedingungen werden mit Abstand als die wichtigsten Gesichtspunkte bei der Wahl des Arbeitsplatzes genannt. Daraus erwächst dem Konstrukteur die Verpflichtung, diese Probleme nicht zu vernachlässigen.

3.8. Möglichst wartungsfreies Konstruieren

Literatur zu Abschnitt 3.8

DIN 8659: Schmieranweisungen für Werkzeugmaschinen, Beuth-Verlag.
Küpper: Planung der Instandhaltung, Gabler-Verlag.
Mildner/Jarosch: Grundlagen der Instandhaltung, Deutscher Verlag für Grundstoffindustrie.
Ordelheide: Instandhaltungsplanung, Gabler-Verlag.
VDI: Handbuch Betriebstechnik, Teil 4, VDI-Verlag.

Eine Wartung bedeutet in der Regel für ein technisches Gebilde eine zwangsweise Einsatzunterbrechung. Das heißt, neben den direkten Wartungskosten entstehen meist auch noch finanzielle Verluste durch den Nutzungsausfall.

Wenn in großen technischen Anlagen einzelne Geräte häufiger einer mit einer Einsatzunterbrechung verbundenen Wartung bedürfen, so müssen für diese Geräte Zweitgeräte vorhanden sein, die während der Wartung die erforderlichen Funktionen erfüllen, da sonst ja die gesamte Anlage außer Betrieb gesetzt werden müßte. Eine Wartung erfordert also gegebenenfalls eine doppelte Anschaffung der betreffenden technischen Gebilde.

Eine falsche oder unterlassene Wartung kann mehr oder weniger große Schäden bewirken und stellt also Gefahrenquellen dar.

Wartungsfreiheit vermeidet die vorgenannten Probleme. Daher geht die Tendenz eindeutig zu wartungsfreien technischen Gebilden hin.

Läßt sich die Wartungsfreiheit nicht verwirklichen, sollte man einen Wartungsplan aufstellen, damit die Wartung auch ordnungsgemäß durchgeführt wird.

Schema eines Wartungsplanes:

Was muß von wem wann, wo, wie und womit gewartet werden?

Alle Wartungsstellen sollten möglichst gut zugänglich sein, denn die Erfahrung zeigt, daß schlecht erreichbare Wartungsstellen gern übersehen werden.

3.9. Betriebssicheres Konstruieren

Literatur zu Abschnitt 3.9

DFG: MAK-Werte-Liste, Boldt-Verlag.
Schmatz/Nöthlichs: Sicherheitstechnik, E. Schmidt-Verlag.

Ganz allgemein gilt, daß jedes technische Gebilde im Betrieb sicher und zuverlässig arbeiten muß. Trotzdem wird der Begriff der Betriebssicherheit recht unterschiedlich gedeutet.

Der Konstrukteur sollte aber wohl gerade hinsichtlich der Sicherheit alles beachten, was überhaupt in diesen Zusammenhang zu bringen ist.

So muß jedes technische Gebilde zunächst einmal funktionssicher und funktionseindeutig entworfen und gefertigt sein. Das bedeutet, es darf im Betrieb keine ungewollten Funktionen ausführen können.

Festigkeitsmäßig spielt die Sicherheit ebenfalls eine ganz wesentliche Rolle. Mit der Verwendung eines sinnvollen Sicherheitsfaktors bei der Dimensionierung und Festigkeitsrechnung steht oder fällt oft die ganze Konstruktion.

Der Sicherheitsfaktor muß so groß wie nötig und so klein wie möglich gewählt werden.

Wird die rechnerische Sicherheit zu klein angesetzt, werden schon geringe Überlastungen, wie sie im Betrieb häufig vorkommen, das technische Gebilde beschädigen oder zerstören. Das Gebilde ist also unsicher im Betrieb und damit meist unbrauchbar, sein Verkaufserfolg gefährdet. Wird die rechnerische Sicherheit zu groß angesetzt, wird das technische Gebilde unnötig groß, schwer und teuer, so daß der Verkauf meist schwierig ist.

Im Zusammenhang mit diesen Fragen der festigkeitsmäßigen Sicherheit sei auch auf die Probleme der Zeitfestigkeit und des Verschleißes hingewiesen. Zeitfestigkeit und Verschleiß erfordern unter Umständen einen rechtzeitigen Austausch der betreffenden Teile und sollten mit in einen eventuellen vorhandenen Wartungsplan einbezogen werden.

Ist das technische Gebilde an sich sicher, kann es immer noch durch falsche Bedienung Schaden nehmen. Die Bedienungssicherheit ist also ebenfalls wichtig. Der Konstrukteur sollte, wenn möglich, Bedienungsfehler, durch die der Betriebsablauf gestört oder das technische Gebilde beschädigt werden können, unmöglich machen. Gerade in diesem Punkt sind jedoch oft Kompromisse nötig, denn mit einer Einschränkung der Bedienungsmöglichkeit leidet häufig auch die Einsatzmöglichkeit.

Da der Mensch in einer Funktionskette Maschine → Mensch → Maschine oft das schwächste, unberechenbarste Glied ist, versucht man in zunehmenden Maße, den Menschen von der Bedienung technischer Gebilde zu entlasten und durch eine automatische Steuerung bzw. Regelung zu ersetzen. Damit kann man in vielen Fällen die Bedienungssicherheit verbessern.

Ein weiterer Gesichtspunkt ist die Sicherheit am Arbeitsplatz. Der Konstrukteur hat die Aufgabe, jedes technische Gebilde so zu konstruieren, daß eventuell nötiges Bedienungspersonal, aber natürlich auch andere Menschen durch das technische Gebilde nicht gefährdet werden können bzw. die Gefährdung auf ein vertretbares Minimum gesenkt wird.

Die beiden letzten der bisher erwähnten Gesichtspunkte, nämlich die Bedienungssicherheit und die Sicherheit am Arbeitsplatz, bereiten dem Konstrukteur erfahrungsgemäß die größten Probleme. Hier muß man den Menschen in die Überlegungen einbeziehen, und damit wird eine exakte Berechnung unmöglich. Nehmen wir als Beispiel das Kraftfahrzeug. Der Konstrukteur kann zwar die „Sicherheit rund um das Auto" ständig steigern, trotzdem beeinflußt das die Häufigkeit und die Schwere der Verkehrsunfälle nur geringfügig; hierfür ist in erster Linie das Fahrverhalten der Menschen (Fahrer) ausschlaggebend.

Wenn für ein technisches Gebilde Wartungen nötig sind, so kann eine falsche oder unterlassene Wartung unter Umständen Schäden bewirken, die die Betriebssicherheit gefährden. Die Betriebssicherheit wird also verbessert, wenn ein technisches Gebilde so konstruiert ist, daß eventuell nötige Wartungen möglichst einfach ausgeführt und Wartungsstellen nicht verwechselt oder übersehen werden können.

3.10. Umweltfreundliches Konstruieren

Literatur zu Abschnitt 3.10

Alt/Weber: Reinhaltung der Luft, Müller-Verlag.
DFG: MAK-Werte-Liste, Boldt-Verlag.
Gösele: Lärmminderung, Müller-Verlag.
Kloepfer: Deutsches Umweltschutzrecht, Schulz-Verlag.
Krist: Grundwissen Umweltschutz, Verlag Fikentscher u. Co.
Liebmann: Handbuch der Frischwasser- und Abwasserbiologie, Oldenburg-Verlag.

Mit zunehmender Industrialisierung und Technisierung und dem damit verbundenen steigenden allgemeinen Wohlstand auf der Erde wird es immer wichtiger, unsere Umwelt besser als bisher vor Schadstoffen aller Art zu schützen, denn die Verschmutzungen der Luft und des Wassers haben schon in vielen Gebieten alarmierende Werte erreicht. Wenn wir in Zukunft nicht einen angemessenen Schutz unserer Umwelt garantieren, müssen wir den ständigen Fortschritt im Lebensablauf mit einer erheblichen Verminderung der Qualität unseres Lebensraumes erkaufen. Dies erscheint aber wenig sinnvoll.

Es ist also eine wichtige Aufgabe, im allgemeinen Interesse unsere Umwelt, also Luft, Wasser und Boden, so rein wie möglich zu halten und die Tier- und Pflanzenwelt zu erhalten. Der Konstrukteur sollte daher von Anfang an bei seiner Arbeit die zu erwartenden Einflüsse des zu schaffenden technischen Gebildes auf die Umwelt beachten, um Umweltschädigungen so gut es geht zu vermeiden.

Umweltfreundliches Konstruieren dient damit auch unserer Forderung, die Lebensqualität des Menschen zu erhalten und zu verbessern. Besonders wichtig ist in diesem Zusammenhang der Anspruch des Menschen auf einen humanen Arbeitsplatz, der im hohen Maße durch Erzeugung und Einsatz des technischen Gebildes beeinflußt wird.

In diesem Zusammenhang sind vom Konstrukteur insbesondere zu berücksichtigen:

> Staub und andere Abscheidungen,
> Abgase und Dämpfe,
> Abfallstoffe aller Art,
> Wärme- bzw. Kälteentwicklungen,
> Geräuschentwicklungen,
> Strahlungen aller Art,
> Abwasserverschmutzungen u. ä.

Da die Fragen des Umweltschutzes mehr und mehr durch Gesetze und Verordnungen geregelt werden, ist deren rechtzeitige Berücksichtigung anzuraten, um Fehlkonstruktionen zu vermeiden.

3.11. Wirtschaftliches Konstruieren

Literatur zu Abschnitt 3.11

Kalveram: Kostenrechnung, Gabler-Verlag.
Refa: Methodenlehre des Arbeitsstudiums, Hanser-Verlag.
VDI 2225: Technisch-wirtschaftliches Konstruieren, VDI-Verlag.
Voß: Industriebetriebslehre für Ingenieure, Hanser-Verlag.
Wünsch: Wirtschaftliches Gestalten technischer Systeme und deren Elemente, Hanser-Verlag.

Der Verkaufspreis eines Erzeugnisses bestimmt neben anderen Faktoren ganz wesentlich mit den Verkaufserfolg. Ein möglichst guter Verkaufserfolg (hoher Umsatz) liegt aber im natürlichen Gewinnstreben eines jeden Betriebs.

Für den Verkaufspreis eines Erzeugnisses und auch für den erzielten Gewinn sind neben den Einflüssen des Marktes auch die Herstellungskosten ein entscheidender Faktor.

Bei technischen Gebilden werden die Herstellungskosten aber in starkem Maße mit durch die Ergebnisse der konstruktiven Arbeit bestimmt. Entsprechende Untersuchungen ergaben, daß durch mehr oder weniger gute Konstruktionsarbeit die Herstellungskosten eines technischen Gebildes bis zu 75 % niedriger oder höher liegen können, während eine mehr oder weniger gut arbeitende Arbeitsvorbereitung die Herstellungskosten nur um ca. 13 % günstiger oder ungünstiger beeinflußen kann. Für die Fertigung liegt der entsprechende Einfluß nur bei ca. 12 %.

> ***Leitgedanke für ein wirtschaftliches Konstruieren:***
>
> *Ein technisches Gebilde soll so konstruiert werden, daß es nach einem möglichst geringen Aufwand für die Konstruktionsarbeit mit möglichst geringem Werkstoff- und Fertigungsaufwand hergestellt und in Betrieb genommen werden kann.*

Dieser Leitgedanke soll durch die folgenden Überlegungen näher erläutert werden. Dabei werden zum Teil Gedanken, die in den vorhergehenden Abschnitten bereits angesprochen wurden, erneut aufgegriffen.

Bereits bei der Auswahl des optimalen Bauprinzips muß man in der Regel wirtschaftliche Überlegungen einbeziehen. Stehen für eine vorgegebene Aufgabenstellung mehrere technisch gleichwertige Lösungsmöglichkeiten zur Auswahl, so sollte die gewählt werden, die am wirtschaftlichsten auszuführen ist. Bei der vergleichenden Kostenrechnung, die diese Frage letztlich entscheidet, müssen neben den reinen Herstellungskosten auch die Kosten für die Konstruktions- und Erprobungsarbeiten berücksichtigt werden.

In diesem Zusammenhang muß vor allem auch auf den mit zunehmendem Vollendungsgrad stark ansteigenden Arbeits- und Kostenaufwand hingewiesen werden. Technisch ist es meist kaum ein Problem, ein technisches Gebilde bis zur absoluten Vollendung zu entwickeln. Wie in der Abbildung 3.4 dargestellt, nähert sich der Gebrauchswert eines technischen Gebildes mit zunehmendem Vollendungsgrad aber nur asymptotisch seinem Höchstwert, während die Kosten stark progressiv ansteigen. In der Regel lohnt es sich also kaum, den Vollendungsgrad bis zum absoluten Höchstpunkt zu treiben; meist ist es richtiger, sich an einem vernünftigen Gebrauchswert des technischen Gebildes zu orientieren.

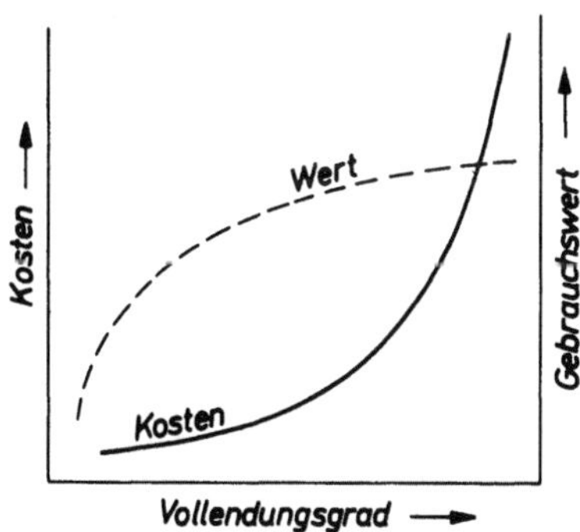

Abbildung 3.4
Wert-Kosten-Diagramm.

Bei der Dimensionierung der Abmessungen bedeutet jede unnötige Vergrößerung der Abmessungen nicht nur eine unnötige Erhöhung der Materialkosten (und des Gewichts), sondern auch eine Erhöhung der Fertigungskosten; denn mit steigenden Abmessungen steigt auch die Bearbeitungszeit. Dabei sollte sich der Konstrukteur darüber klar sein, daß unter Umständen eine exakte Rechnung gegenüber einer Abschätzung den Zeitaufwand und damit die Kosten der Konstruktionsarbeit zwar etwas erhöht, daß durch die Vermeidung unnötig großer Abmessungen in der Regel aber in der Fertigung ganz erhebliche Kosten eingespart werden können, und zwar umso mehr, desto größer die vorgesehene Stückzahl ist.

> Um diesen in seiner Bedeutung oft unterschätzten Punkt besonders klar werden zu lassen, ein Beispiel: Wenn es gelingt, in einem Zahnradgetriebe die Ritzelwelle im Durchmesser zu verringern, so wirkt sich das nicht nur auf die Material- und die Fertigungskosten dieser Welle aus, sondern man wird mit großer Wahrscheinlichkeit auch den Ritzeldurchmesser und damit weiter den Großraddurchmesser, den Achsenabstand und die Gehäuseabmessungen verringern und somit die gesamten Herstellungskosten senken können.

Ein erhöhter Zeitaufwand für eine exakte Durchrechnung anstelle einer Dimensionierung mittels Erfahrungsgleichungen wird wirtschaftlich jedoch meist nur ab einer gewissen Stückzahl vertretbar sein. In der Massenfertigung kann auch schon eine geringe Senkung der Stückkosten eine nennenswerte Verringerung der gesamten Herstellungskosten bringen.

In der Einzelfertigung kann der erhöhte Zeitaufwand für eine exakte Durchrechnung unter Umständen höhere Kosten verursachen, als später an Material- und Fertigungskosten eingespart werden kann.

> Wenn es sich bei dem gerade im Beispiel erwähnten Getriebe um das Schaltgetriebe eines Kraftfahrzeuges handelt, von dem 3000 Stück täglich gefertigt werden, so bedeutet eine Senkung der Stückkosten um 1,– DM eine Verringerung der gesamten Herstellungskosten um 3000,– DM täglich bzw. etwa 600000,– DM jährlich. Für diese Kostensenkung darf (ja muß) der Konstrukteur also ruhig 2 Stunden länger rechnen.
>
> Handelt es sich bei dem Getriebe aber um ein Einzelstück, so würde mit den gleichen Zahlen einer Verringerung der Material- und Fertigungskosten von von 1,– DM eine Erhöhung der Konstruktionskosten um etwa 80,– DM gegenüberstehen (wenn man mit 40,– DM pro Konstruktionsstunde rechnet). Die exaktere Rechnung für die Welle wäre also unwirtschaftlich.

Bei der Werkstoffauswahl sollte der Konstrukteur nicht nur die mechanischen und physikalischen Werkstoffeigenschaften berücksichtigen, sondern unbedingt auch den Preis. Tafel 3-2 gibt einen relativen Vergleich der Kosten von gleichartigem Rundmaterial aus verschiedenen Werkstoffen. Man beachte die zum Teil erheblichen Unterschiede. Was die Werkstoffestigkeit anbetrifft, ist dabei zu beachten, daß hochfeste Stähle z. B. in der Regel zwar einen höheren Preis haben als solche mit normaler Festigkeit, aber meist auch kleinere Werkstückabmessungen ermöglichen (vgl. vorstehende Beispiele des Zahnradgetriebes). Die genauen Auswirkungen der Werkstoffwahl auf die Herstellungskosten sollten daher möglichst immer sehr breit angelegt untersucht werden.

Tafel 3-2. Vergleich der Materialkosten von Rundmaterial gleichen Durchmessers und gleicher Länge.

Werkstoff		Kostenfaktor[1]
St 37	warm gewalzt	1,0
St 50	warm gewalzt	1,1
C 35	warm gewalzt	1,3
30 Mn 5	warm gewalzt	1,8
24 Cr Mo 5	warm gewalzt	2,3
X 12 Cr Ni 18 8	warm gewalzt	8,4
St 37	gezogen	1,7
C 35	gezogen	1,9
Al 99	gezogen	2,7
Al Mg 5	gezogen	3,6
Xu Zn 40	gezogen	6,6
E-Cu	gezogen	8,6

[1] Schwankungen durch unterschiedliche Preisentwicklungen bei den verschiedenen Werkstoffen sind möglich.

Im Zusammenhang mit der Werkstoffauswahl muß auch das vorgesehene Fertigungsverfahren und die Anlieferungsform des Materials berücksichtigt werden. Bei der Fertigung von Einzelteilen kann die Verwendung von Halbzeugen (Bleche, Profile u.ä.) den Bearbeitungsaufwand und damit die Herstellungskosten unter Umständen erheblich herabsetzen.

Die Kosten der verschiedenen Fertigungsverfahren unterscheiden sich zum Teil sehr stark. Die Wahl des wirtschaftlichsten Fertigungsverfahrens ist daher eine der wichtigsten Aufgaben des Konstrukteurs. Für eine richtige Entscheidung ist die Kenntnis über die vorgesehene Stückzahl unbedingt erforderlich, denn wie Abbildung 3.5 zeigt, wird man z. B. bei einer Stückzahl kleiner n_x das Verfahren I wählen, während bei Stückzahlen größer als n_x das Verfahren II wirtschaftlicher ist. Bei der Auswahl des Fertigungsverfahrens sollte man den Fertigungsmöglichkeiten im eigenen Betrieb auch andere Verfahren, die in Fremdarbeit ausgeführt werden müssen, gegenüberstellen. Manchmal kann man Teile (nicht nur Normteile) von anderen Firmen billiger beziehen, als man sie selbst fertigen kann.

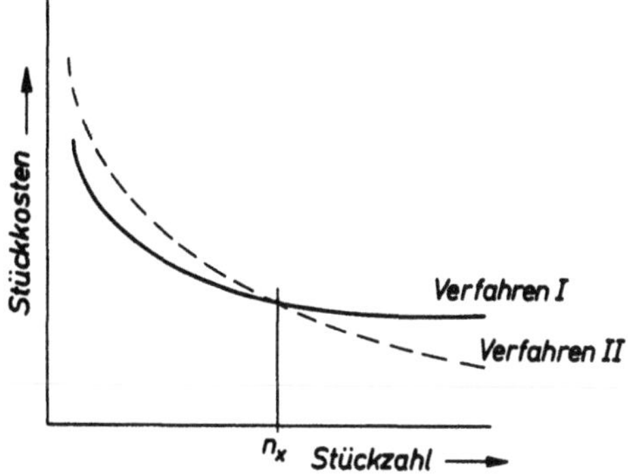

Abbildung 3.5
Stückkosten-Diagramm verschiedener Bearbeitungsverfahren.

In Tafel 3-3 werden die Fertigungskosten von Passungen verglichen. Da die Fertigungskosten mit kleiner werdenden Toleranzen exponential ansteigen, sollte man unter dem Gesichtspunkt einer wirtschaftlichen Fertigung nie bessere Toleranzen fordern, als von der Funktion der Teile her erforderlich. Dabei sollte man auch beachten, daß die Funktionstüchtigkeit eines technischen Gebildes nicht unbedingt mit besser werdenden Toleranzen ebenfalls ansteigen muß. Beispiele sind Land- und Baumaschinen, bei denen zu fein tolerierte Spielpassungen im Betrieb durch Schmutz verklemmen würden.

Tafel 3-3. Relative Fertigungskosten von Spielpassungen bei 25 mm Nenndurchmesser.

Paßtoleranz	Passungsbeispiele	Kostenfaktor
$T_p = 260\ \mu m$	H 11 / a 11 H 11 / c 11 H 11 / h 11	1
$T_p = 66\ \mu m$	H 8 / e 8 H 8 / f 8 H 8 / h 8	ca. 2
$T_p = 42\ \mu m$	H 7 / f 7 H 7 / h 7	ca. 3
$T_p = 18\ \mu m$	H 5 / g 5 H 5 / h 5	ca. 6

Die Form und Gestalt eines technischen Gebildes unterliegt verschiedenen Einflüssen. Besonders in Abhängigkeit von Funktion und Fertigungsverfahren ergeben sich oftmals verschiedenartige Formvarianten, die recht unterschiedliche Kosten verursachen können. So kann z. B. bei Stanzteilen eine günstigere Form des Stanzteils eine bessere Raumausnützung der Platten ergeben und damit Materialeinsparungen also Kostenverringerung bewirken, wie dies in Abbildung 3.6 dargestellt ist.

Daß die Verwendung von handelsüblichen Normteilen eine preisgünstige Herstellung technischer Gebilde und einen einfachen Austausch von Teilen ermöglicht, ist allgemein bekannt, muß der Vollständigkeit halber hier aber erwähnt werden.

Als weiteres Problem, das vom Konstrukteur nach wirtschaftlichen Gesichtspunkten entschieden werden muß, ist die Montage zu nennen. Für den Zusammenbau von technischen Gebilden, die aus mehreren Einzelteilen bestehen, gibt es grundsätzlich zwei Möglichkeiten. Da ist zunächst die Möglichkeit, das technische Gebilde aus allen erforderlichen Einzelteilen im Rahmen der Montage zusammenzubauen. Wirtschaftlich günstiger und daher vorzuziehen ist meist eine Endmontage des technischen Gebildes aus mehreren vormontierten Baugruppen oder Bauelementen.

Alle in diesem Abschnitt bisher genannten Punkte bezogen sich auf eine wirtschaftliche Herstellung technischer Gebilde. Durch den konstruktiven Entwurf werden aber in der Regel auch die Betriebs- und Unterhaltungskosten für ein technisches Gebilde festgelegt. Daher muß der Konstrukteur, wie bereits erwähnt, seine Aufmerksamkeit auch auf betriebstechnische Probleme richten, wie z. B. eine wirtschaftlich günstige Bedienung und Wartung sowie einen möglichst geringen Betriebsmittelverbrauch.

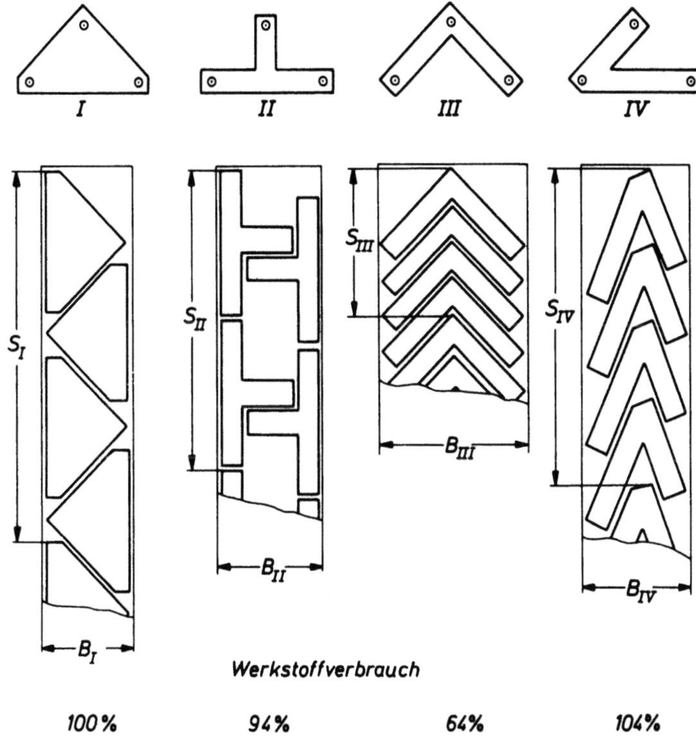

Abbildung 3.6. Stanzteil in verschiedenen Ausführungsformen.

4. Methodisches Konstruieren

Literatur zu Kapitel 4

Bischoff/Hansen: Rationelles Konstruieren, VEB Verlag Technik.

Claussen: Methodisches Auslegen – Rechnergestütztes Konstruieren, Hanser-Verlag.

DIN 69910: Wertanalyse – Begriffe, Methode, Beuth-Vertrieb.

Ewald: Lösungssammlung für das methodische Konstruieren, VDI-Verlag.

Hansen: Konstruktionssystematik, VEB Verlag Technik.

Kesselring: Technische Kompositionslehre, Springer-Verlag.

Koller: Konstruktionsmethode für den Maschinen-, Geräte- und Apparatebau, Springer-Verlag.

Rodenacker: Methodisches Konstruieren, Springer-Verlag

Steinwachs: Praktische Konstruktionsmethode, Vogel-Verlag.

VDI 2222: Konstruktionsmethodik, Konzipieren technischer Produkte, VDI-Verlag.

VDI 2225: Technisch-wirtschaftliches Konstruieren, VDI-Verlag.

VDI 2801/2: Wertanalyse – Begriffsbestimmung und Beschreibung der Methode/Vergleichsrechnung, VDI-Verlag.

Die Forderung nach der optimalen Lösung einer gestellten Aufgabe bedeutet, daß das technische Gebilde nicht nur einwandfrei funktionieren, sondern in der Regel möglichst auch mit einem Minimum an Kosten herstellbar und zu betreiben sein muß. Die *optimale Lösung* (für die aber auch andere Kriterien maßgebend sein können und auf die später noch näher eingegangen wird) kann mit Sicherheit nur durch ein systematisches Vorgehen bei der konstruktiven Arbeit gefunden werden.

Die im folgenden angegebene Vorgehensweise gibt neben umfassenden Erläuterungen zur Methode eindeutige Arbeitsanweisungen (Programme), nach denen die Konstruktionsarbeit ablaufen soll, und ermöglicht es so, auch dem auf konstruktivem Gebiet weniger erfahrenen Ingenieur (wenn die anderen erforderlichen Kenntnisse mathematischer, naturwissenschaftlicher, allgemein technischer und fachspezifisch technischer Art vorhanden sind) optimale technische Gebilde zu konstruieren.

Diese Programme für den Ablauf der Konstruktionsarbeit wurden unter besonderer Berücksichtigung der in den VDI-Richtlinien über die Wertanalyse (VDI 2801/2) und das Konzipieren technischer Produkte (VDI 2222) zusammengefaßten Erfahrungen entwickelt und in erster Linie auf die Belange des normalen Maschinenbaus abgestimmt. Da die Programme bewußt so allgemein wie möglich abgefaßt wurden, können sie gegebenenfalls aber nach geringen Änderungen bzw. Ergänzungen auch für konstruktive Arbeiten in anderen Bereichen der Ingenieurwissenschaften verwendet werden bzw. Spezialgebieten des Maschinenbaus angepaßt werden.

Es muß hier ausdrücklich gesagt werden, daß die im folgenden beschriebene Methode, die die Anwendung der Wertanalyse auf das Konstruieren darstellt, nur eine von mehreren Möglichkeiten des methodischen Konstruierens ist. So sei besonders auf die vorstehend angegebene Literatur hingewiesen, deren Studium jedem empfohlen sei, der sich tiefer in die Probleme des methodischen Konstruierens einarbeiten will.

Alle Methoden des systematischen Konstruierens unterteilen die Konstruktionsarbeit in mehrere gut übersehbare und genau umrissene Arbeitsgebiete, die in einer vorgegebenen logischen Reihenfolge bearbeitet werden müssen, damit man sich ausgehend von der Aufgabenstellung von Arbeitsgebiet zu Arbeitsgebiet der optimalen Lösung des Problems immer mehr nähert und am Ende der Konstruktionsarbeit für die optimale Lösung alle technischen Unterlagen vorliegen, so daß das technische Gebilde auch in der vorgesehenen Weise gefertigt werden kann.

Die hier behandelte Konstruktionsmethodik unterscheidet, wie in Tafel 4-1 dargestellt, 5 Entwicklungsstufen mit zusammen 14 Arbeitsgebieten, wobei letztere in den Programmen jeweils wieder in zahlreiche kleine Arbeitsschritte unterteilt werden. In den folgenden Abschnitten werden die 14 Arbeitsgebiete nacheinander näher erläutert und die zugehörigen Programme entwickelt.

Diese in den Abschnitten 4.1 bis 4.14 angegebenen Programme sollen insbesondere dem jungen Konstrukteur das methodische Vorgehen bei der konstruktiven Arbeit erleichtern und ihm helfen, die optimale Lösung seines Problems zu finden.

Diese *Arbeitsprogramme* stellen Empfehlungen dar, wie die im Rahmen der Konstruktionsarbeit notwendigen vielen kleinen Arbeitsschritte der Reihenfolge nach ablaufen sollten, damit folgerichtig und zielstrebig die optimale Lösung gefunden wird.

Tafel 4-1. Arbeitsgebiete des Konstruierens.

	Bereiche	*Entwicklungsstufen*	*Arbeitsgebiete*
		Informations-Phase	Klärung der Aufgabenstellung. Ermittlungen über den Stand der Technik. Weitere Vorüberlegungen zum Problem.
	Konzipieren	Zerlegungs-Phase	Aufstellung der Funktionsstruktur. Aufstellung der Verwirklichungsmöglichkeiten. Bewertung der Verwirklichungsmöglichkeiten.
Konstruieren		Kombinations-Phase	Aufstellung der Bauprinzipien. Bewertung und Fehlerkritik der Bauprinzipien Verbesserung der Bauprinzipien.
	Entwerfen	Entwurfs-Phase	Erstellen maßstäblicher Entwürfe. Bewertung und Fehlerkritik der Entwürfe. Endgültiger Entwurf.
	Gestalten	Ausarbeitungs-Phase	Gestalterische Durcharbeitung des endgültigen Entwurfs. Erstellung aller technischer Unterlagen.

Diese Programme beziehen sich inhaltlich voll auf die im jeweiligen Abschnitt gemachten Ausführungen. Sie geben ohne nochmalige Erklärung und Begründung nur an, was in den einzelnen Arbeitsschritten zu tun ist. Damit erleichtern sie die Erlernung und das Arbeiten mit dieser Konstruktionsmethode ganz erheblich.

Da solche Arbeitsprogramme nie die Verschiedenartigkeit der konstruktiven Arbeit vollständig berücksichtigen können, wird der Konstrukteur gegebenenfalls durch geringfügige Änderungen, Ergänzungen oder Streichungen bei den einzelnen Arbeitsschritten die Programme den speziellen Bedürfnissen seines Fachgebietes noch besser anpassen können. An den 5 Entwicklungsstufen und den 14 Arbeitsgebieten (vergleiche Tafel 4-1) wird sich aber kaum etwas ändern.

Im folgenden werden Hauptprogramme, Oberprogramme und Unterprogramme unterschieden.

Die *Hauptprogramme* (HP) geben eine Zusammenfassung aller Oberprogramme, die zur Erreichung bestimmter Ziele bearbeitet werden müssen.

Das Hauptprogramm „Konstruktion" besteht, wie aus Tafel 4-2 ersichtlich, aus 14 Oberprogrammen, die den 14 Arbeitsgebieten des Konstruierens entsprechen.

Das Hauptprogramm gibt einen guten Überblick über die einzelnen Arbeitsgebiete und zeigt daher, welche Abteilungen gegebenenfalls alle an der Arbeit beteiligt sind.

Das Hauptprogramm „Konstruktion" findet seine Anwendung in der Regel dann, wenn man technische Gebilde konstruiert, die in einer ähnlichen Ausführung schon gebaut wurden bzw. für die die technischen Grundlagen bekannt und Erfahrungswerte vorhanden sind.

Für die Entwicklung neuer Produkte kann das Hauptprogramm „Konstruktion" zu einem neuen Hauptprogramm „Entwicklung" erweitert werden.

Tafel 4-2. Hauptprogramm „Konstruktion" mit seinen
14 Oberprogrammen.

OP 1.	Klärung der Aufgabenstellung
OP 2.	Ermittlungen über den Stand der Technik
OP 3.	Weitere Vorüberlegungen zum Problem
OP 4.	Aufstellung der Funktionsstruktur
OP 5.	Aufstellung der Verwirklichungsmöglichkeiten
OP 6.	Bewertung der Verwirklichungsmöglichkeiten
OP 7.	Aufstellung der Bauprinzipien
OP 8.	Bewertung der Bauprinzipien und Fehlerkritik
OP 9.	Verbesserung der Bauprinzipien
OP 10.	Erstellen maßstäblicher Entwürfe
OP 11.	Bewertung der Entwürfe und Fehlerkritik
OP 12.	Endgültiger Entwurf
OP 13.	Gestalterische Durcharbeitung des endgültigen Entwurfs
OP 14.	Erstellung aller technischen Unterlagen

In diesem Hauptprogramm „Entwicklung" bildet das Hauptprogramm „Konstruktion"
das Kernstück. Ihm vorgelagert werden Oberprogramme, die die Arbeitsgebiete Forschung und Planung betreffen. An die Oberprogramme für die Konstruktionsarbeit
müssen sich dann noch Oberprogramme anschließen, die sich auf Versuch und Erprobung
beziehen.

Ein anderes Hauptprogramm, das in seinen Oberprogrammen und Arbeitsschritten mit
dem Hauptprogramm „Konstruktion" viele Übereinstimmungen und Ähnlichkeiten
zeigt, ist die „Wertanalyse".

Die *Oberprogramme* (OP) zu den 14 Arbeitsgebieten im Hauptprogramm „Konstruktion"
sind jeweils in kleinste Arbeitsschritte (AS) unterteilt, damit der Konstrukteur ein möglichst klares Bild über den logischen Ablauf der Arbeit erhält.

Die im folgenden für das Hauptprogramm „Konstruktion" angegebenen Oberprogramme
(OP) und Arbeitsschritte (AS) sind jeweils numeriert. Bei einer systematischen, der Numerierung entsprechenden Bearbeitung wird sich die Konstruktion schrittweise vervoll-
kommnen und dem angestrebten Ziel der optimalen Lösung ständig nähern.

Dabei dürfen das Programm und die Numerierung jedoch keinesfalls als ein starres, unver-
rückbares Schema angesehen werden. Bedingt durch die Verschiedenartigkeit der Aufgabenstellung werden hin und wieder kleinere Verschiebungen im Programmablauf nötig
sein, die meist aber auf die informierende Phase mit den Oberprogrammen OP 1 bis OP 3
beschränkt bleiben.

Wenn im folgenden im Rahmen eines Oberprogramms auf einen Arbeitsschritt desselben
Oberprogramms Bezug genommen wird, so wird dieser Arbeitsschritt nur mit z. B. AS 3
bezeichnet. Eine zusätzliche Angabe des Programms erfolgt nur, wenn auf einen Arbeitsschritt eines anderen Oberprogramms Bezug genommen wird, z. B. OP 4–AS 6.

Der Hinweis auf ein an einer bestimmten Stelle einzuschiebendes Unterprogramm erfolgt
durch einen Hinweispfeil. Also z. B. → UP 1

In der gleichen Weise wird auch auf Hilfsmittel hingewiesen, die an einer bestimmten Stelle beachtet werden sollten, z. B. → ⟨ Abb. 4.2 ⟩

Die *Unterprogramme* (UP) behandeln mehrmals in verschiedenen Oberprogrammen auftauchende Arbeitsabläufe, die der Einfachheit halber nur einmal in einem Unterprogramm beschrieben werden.

4.1. Klärung der Aufgabenstellung

Die Aufgabenstellung als Ausgangspunkt der Konstruktionsarbeit muß die gewünschten Funktionen des technischen Gebildes klar, eindeutig und möglichst vollständig umreißen. Die Aufgabe kann allgemeiner oder präziser gehalten sein. Meist wird man jedoch bei der ersten Durcharbeitung der Aufgabenstellung Lücken feststellen, die eine Klärung verlangen.

Fehlende Angaben führen im Verlauf der Bearbeitung irgendwann zu Störungen im kontinuierlichen Ablauf der Arbeit. Außerdem besteht die Gefahr, daß bei einer zu späten Klärung offener Fragen die bereits erstellten Unterlagen ganz oder teilseise überarbeitet werden müssen.

Um später Mehraufwand zu vermeiden, muß vor Beginn der eigentlichen Konstruktionsarbeit die Aufgabenstellung also klar, eindeutig und vollständig gegeben sein.

Tafel 4-3. Schema für eine Gliederung der Aufgabenstellung.

Forderungen	Forderungen, die vom technischen Gebilde unbedingt erfüllt werden müssen, damit es die gewünschten Funktionen ausüben kann.
	Gegebenenfalls wieter aufgliedern in:
	– Festforderungen
	  (Einhaltung bestimmter Werte)
	– Mindestforderungen
	  (Einhaltung oberer oder unterer Grenzwerte)
	– Forderungen über Einhaltung bestimmter Bereiche
	  (Werte dürfen in bestimmten Bereichen schwanken)

Wünsche	Wünsche, die nach Möglichkeit berücksichtigt werden sollen, da sie den Nutzwert, den Anwendungsbereich o. ä. erhöhen. Wenn keine anderen Hinweise gegeben werden, sollte die Verwirklichung von Wünschen die Herstellkosten jedoch nicht nennenswert erhöhen.
Ziele	Ziele, wie sie z. B. im Rahmen der technischen Weiterentwicklung zwar angestrebt werden, die jedoch bei der vorliegenden Aufgabe noch nicht unbedingt verwirklicht werden müssen. Die Verwirklichung solcher Fernziele sollte die Herstellkosten der vorliegenden Konstruktion nicht erhöhen.

Wenn viele Informationen in der Aufgabenstellung gegeben sind, kann man die Forderungen, Wünsche und Ziele weiter aufgliedern in beispielsweise:
– Physikalische Funktionen
– Technische Werte
– Fragen zur technischen Ausführung
– Fertigungstechnische Fragen
– Betriebstechnische Eigenschaften

Der besseren Übersicht wegen sollte man die gegebene Aufgabenstellung zunächst einmal
aufgliedern. Wie weit man mit der Aufgliederung geht, hängt ganz von der Anzahl der
jeweils gegebenen Informationen ab. Bei wenigen Informationen wird man nur in Forderungen, Wünsche und Ziele gliedern, sind aber mehr Informationen gegeben, kann man
weitere der in Tafel 4-3 aufgeführten Gliederungspunkte heranziehen.

An Hand einer solchen Gliederung kann man recht einfach prüfen, ob die Aufgabenstellung klar gefaßt sowie eindeutig und vollständig ist.

Als Hilfsmittel sollte man sich dazu, besonders wenn man öfter auf demselben Gebiet
konstruiert, eine besondere Aufstellung (*Fragebogen* oder *Anforderungsliste*) aller benötigten Informationen anfertigen, nach der man die Vollständigkeit der gemachten
Angaben schnell und sicher überprüfen kann.

In Tafel 4-4 sind einige wichtige Merkmale einer solchen Anforderungsliste zusammengestellt.

Tafel 4-4. Anforderungsliste.

Hauptmerkmale	*Beispiele*
Geometrische Eigenschaften	Größe, Höhe, Dicke, Breite, Durchmesser, Anschlußmaße, Raumbedarf.
Kinematische Eigenschaften	Bewegungsart, -ablauf, -richtung, Geschwindigkeit, Beschleunigung, Verzögerung, Drehzahl, Schlupf.
Mechanische Eigenschaften	Kraftrichtung, -größe, -angriffspunkt, Belastung, Verformung, Leistung, Energie, dynamisches Verhalten.
Thermische Eigenschaften	Erwärmung, Abkühlung, Temperatur, Ausdehnung, Wärmeübergang, -leitung.
Elektrische Eigenschaften	Spannung, Stromstärke, Widerstand, Frequenz, Isolierung, Leitfähigkeit.
Magnetische Eigenschaften	Feldstärke, Polung, Magnetisierbarkeit.
Optische Eigenschaften	Apertur, Auflösungsvermögen, Brennweite, Lichtstärke, Farbfilter.
Akustische Eigenschaften	Schallwellen, Lautstärke, Echo, Lärmschutz.
Chemische Eigenschaften	Korrosion, Brennbarkeit, Löslichkeit.
Funktion	Stoff leiten, Energie speichern, Nachricht wandeln, Stoff und Energie verknüpfen.
Stoff	Werkstoffe, Festigkeiten, Hilfsstoffe.
Gebrauch, Wartung und Bedienung	Verschleiß, Alterung, Austauschbarkeit, Sicherheit, Wartungsplan, Bedienungsanleitung.
Herstellung	Herstellverfahren, Qualität, Toleranz, Werkzeuge.
Transport und Montage	Transport- und Montagemöglichkeiten, Zuständigkeit.
Kosten	Zulässige Herstellkosten, Transportkosten.
Termine	Liefertermin, Fertigungstermine, Entwurfstermin.
Rechtsfragen	Lieferumfang, Zahlungsbedingungen, Versicherungen, Lieferbedingungen, Gewährleistungen, Patentfragen, Abnahmeprüfung.

Nur wenn alle diese Fragen durch die Aufgabenstellung beantwortet sind, kann die Konstruktionsarbeit erfolgreich in Angriff genommen werden.

Die Beantwortung einer Frage erfolgt entweder durch eine Forderung, einen Wunsch oder die Angabe eines Fernziels. In diesem Fall ist der konstruktive Rahmen abgesteckt. Es ist jedoch auch möglich, daß der Aufgabensteller zu einer Frage keine besonderen Forderungen oder Wünsche hat, dann kann die Konstruktion in diesem Punkt frei dem Gesamtrahmen angepaßt werden.

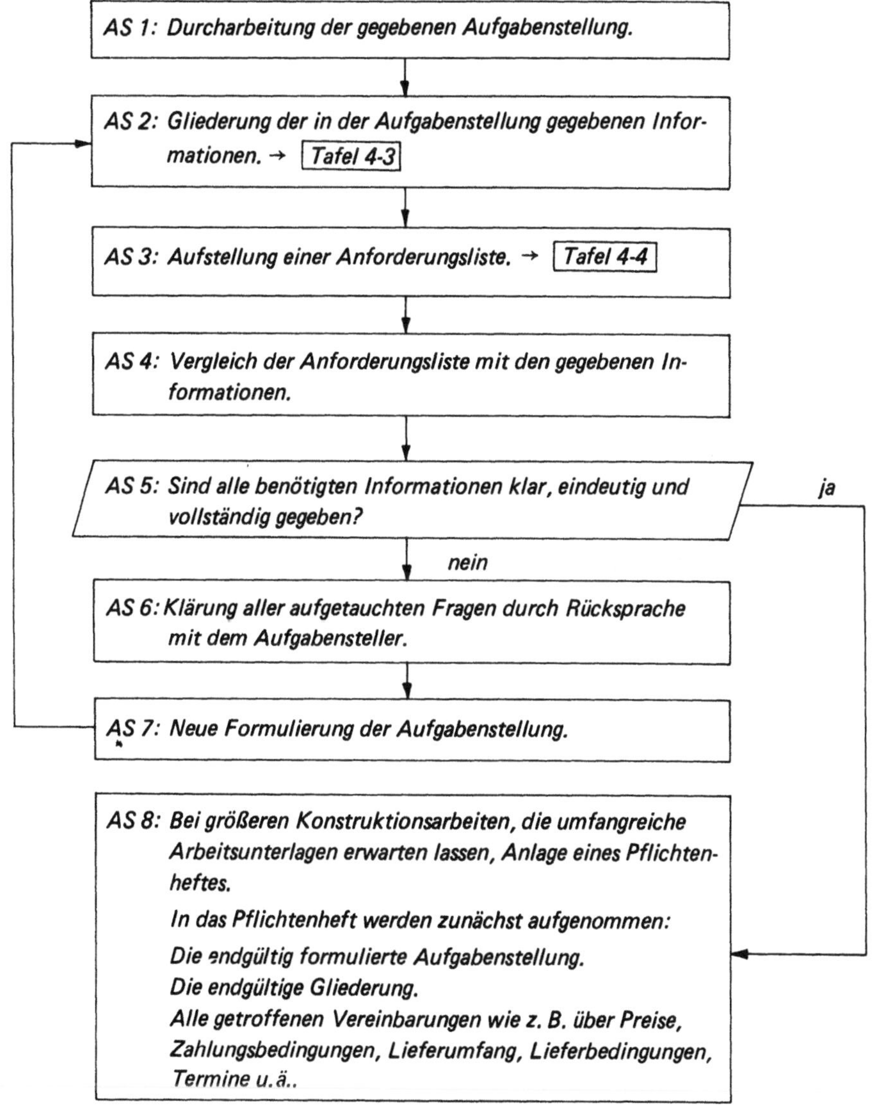

Abbildung 4.1. Oberprogramm 1: *Klärung der Aufgabenstellung.*

Eine nicht beantwortete Frage bedeutet nicht automatisch, daß der Konstrukteur in diesem Punkt weitgehendst Freiheit hat, das muß ausdrücklich bestätigt sein.

Ergeben sich bei dieser Überprüfung der Gliederung der Aufgabenstellung an Hand der Anforderungsliste Unklarheiten bzw. zeigt sich, daß benötigte Angaben fehlen, so müssen diese Punkte mit dem Aufgabensteller geklärt werden.

Die neu erhaltenen Angaben müssen dann in die Gliederung eingebaut werden. Eventuell empfiehlt es sich dabei, die Zahl der Gliederungspunkte zu erweitern.

Bei größeren Konstruktionsarbeiten, die umfangreiche Arbeitsunterlagen erwarten lassen, empfiehlt sich jetzt die Anlage eines *Pflichtenheftes* (*Lastenheft*).

Dieses Pflichtenheft bietet später stets griffbereit eine Zusammenfassung aller besonders wichtigen Punkte, die im Rahmen der Konstruktionsaufgabe zu beachten sind. Es beginnt mit der endgültigen Aufgabenstellung und deren Gliederung. Üblicherweise ist dieses Pflichtenheft ein besonderer Aktenordner, in den Kopien der wichtigsten Arbeitsunterlagen und Arbeitsergebnisse zusätzlich zur eigentlichen Konstruktionsakte gesammelt werden. Das Pflichtenheft wird stets einen gut überschaubaren Umfang behalten, während die vollständige Konstruktionsakte bei größeren Aufgaben mehrere Aktenordner füllen kann.

Die Abbildung 4.1 zeigt das Arbeitsprogramm für das erste Arbeitsgebiet, die Klärung der Aufgabenstellung.

An Hand eines Beispiels, das in jedem Arbeitsgebiet wieder aufgegriffen und weitergeführt wird, soll das methodische Vorgehen und die Anwendung der Arbeitsprogramme und der anderen Hilfsmittel demonstriert werden.

Dieses fortlaufende Beispiel ist jeweils durch das gleiche Symbol →⊏⊐← gekennzeichnet.

→⊏⊐← *Aufgabenstellung:* Beispiel Spannvorrichtung

Es ist eine Klemm- bzw. Spannvorrichtung zu entwerfen, in die ein Werkstück zum Zwecke der Bearbeitung fest eingespannt werden kann.

Bearbeitung an Hand des OP 1:

AS 1:   Da die Aufgabenstellung nur aus einem Satz besteht, der mit einem Blick zu übersehen ist, ist eine eingehende Durcharbeitung der Aufgabenstellung in diesem Fall nicht nötig.

AS 2:   Wegen des geringen Informationsgehaltes der vorliegenden Aufgabenstellung genügt die Minimal-Gliederung entsprechend Tafel 4-3.

Gliederung:

Forderungen	Feste Einspannung eines Werkstückes.
	Das eingespannte Werkstück muß bearbeitet werden können.
Wünsche	—
Ziele	—

AS 3:   Mit Hilfe der in Tafel 4-4 gegebenen Hinweise kann man den folgenden Fragebogen aufstellen.

Anforderungsliste:

1. Zu bearbeitende Werkstücke.
   1.1. Form.
   1.2. Abmessungen.
   1.3. Technologische Eigenschaften.
   1.4. Bearbeitungstemperatur.

2. Spannvorrichtung.
   2.1. Spannbereich.
   2.2. Spannkraft.
   2.3. Standort.

3. Betrieb, Verwendung.
   3.1. Spannzeiten.
   3.2. Genauigkeit der Einspannung.
   3.3. Auslösen des Spannvorganges.
   3.4. Schwingungen bzw. Stöße bei der Bearbeitung des Werkstücks.
   3.5. Wartung der Vorrichtung.
   3.6. Welche Energiearten stehen zur Verfügung?

AS 4/5: Der Vergleich der Anforderungsliste mit den bisher in der Aufgabenstellung gegebenen Informationen zeigt, daß die vorliegende Aufgabenstellung unvollständig ist.

AS 6/7: Die Anforderungsliste wird mit dem Aufgabensteller abgestimmt. Dabei ergeben sich folgende neue Informationen.

Anforderungsliste:

zu 1.1. Quader und Zylinder, häufig wechselnd.

zu 1.2. Länge   max. 80 mm
         Breite (ϕ) max. 70 mm
         Höhe   max. 80 mm

zu 1.3. Übliche Metalle und Kunststoffe, keine besonderen Anforderungen hinsichtlich Magnetismus, elektrischer Leitfähigkeit u. ä.

zu 1.4. Raumtemperatur.

zu 2.1. Spannlänge   0 bis 85 mm
         Spannflächenbreite   60 mm
         Spannflächenhöhe   20 mm

zu 2.2. 0 bis 5000 N kontinuierlich einstellbar, Kontrolle erwünscht.

zu 2.3. Auf Arbeitstischen von Werkzeugmaschinen, wie z. B. Fräs-, Hobel- oder Schleifmaschinen, Standort wird häufig gewechselt.

zu 3.1. Nach ca. 20 s muß das Werkstück spätestens gespannt sein, aber je schneller desto besser.

zu 3.2. Mittlere Ansprüche an die Spanngenauigkeit (Toleranzen des normalen Maschinenbaus müssen erzielt werden können), die Werkstückoberfläche darf beim Spannen nicht beschädigt werden.

zu 3.3. Durch Handbetätigung, später vielleicht auch automatisch.

zu 3.4. Bei der Bearbeitung der Werkstücke muß mit Stößen und Schwingungen gerechnet werden.

zu 3.5. Möglichst wartungsfrei.

zu 3.6. Menschliche, elektrische, hydraulische und pneumatische Energie.

Mit der Beantwortung der Fragen der Anforderungsliste ergibt sich eine wesentlich erweiterte Aufgabenstellung.

erneut
AS 2: Wegen des jetzt vorhandenen umfassenderen Informationsstandes empfiehlt sich eine detailliertere Gliederung.

Neue Gliederung:

Physikalische Funktionen

Forderungen	Feste Einspannmöglichkeit ohne Beschädigung der Werkstückoberfläche.
	Bearbeitbarkeit des Werkstücks im eingespannten Zustand.
Wünsche	Kontrolle der Einspannkraft.
Ziele	Automatische Einspannung der Werkstücke.

Technische Werte

Forderungen	Spannlänge	0 bis 85 mm
	Spannflächenbreite	60 mm
	Spannflächenhöhe	20 mm
	Spannkraft von 0 bis 5000 N kontinuierlich einstellbar.	
	Spannzeit kleiner ca. 20 s.	
	Mittlere Spanngenauigkeit.	
Wünsche	—	
Ziele	—	

Betriebstechnische Eigenschaften

Forderungen	Einfache Befestigungsmöglichkeit auf Maschinenschlitten.
	Leichter Transport und Standortwechsel.
	Einspannmöglichkeit für Quader und Zylinder.
	Leichte Anpassung an Form und Größe des Werkstücks.

<table>
<tr><td></td><td></td><td>Auch Schwingungen und Stöße dürfen das Werkstück nicht lockern.</td></tr>
<tr><td></td><td>Wünsche</td><td>Möglichst einfache und sichere Bedienung.</td></tr>
<tr><td></td><td></td><td>Möglichst wartungsfrei.</td></tr>
<tr><td></td><td>Ziele</td><td>—</td></tr>
<tr><td>erneut
AS 3:</td><td colspan="2">Es ergeben sich keine Änderungen für die im ersten Durchgang aufgestellte Anforderungsliste.</td></tr>
<tr><td>erneut
AS 4/5:</td><td colspan="2">Aufgabenstellung ist jetzt klar, eindeutig und vollständig.</td></tr>
<tr><td>AS 8:</td><td colspan="2">In das Pflichtenheft werden aufgenommen:
Die endgültige Aufgabenstellung mit der beantworteten Anforderungsliste.
Die detaillierte Gliederung.</td></tr>
</table>

4.2. Ermittlungen über den Stand der Technik

Die Ermittlungen über den Stand der Technik sollen einen Ein- und Überblick über den Wissens- und Erkenntnisstand sowie über die technischen Möglichkeiten auf dem untersuchten Gebiet ergeben.

Eine gute Kenntnis über die bereits vorhandenen technischen Erzeugnisse auf dem untersuchten Gebiet und aller mit ihrer Konstruktion und Berechnung, ihrer Fertigung sowie ihren Betrieb in Zusammenhang stehenden Problemen ist die Voraussetzung für eine erfolgreiche Konstruktionsarbeit.

Dabei kommt es zunächst bei der Erarbeitung der Funktionsstruktur sowie bei der Aufstellung der Verwirklichungsmöglichkeiten und der Bauprinzipien in erster Linie auf den Überblick an. Erst vom Erstellen der Entwürfe an ist ein genauer Einblick in alle Probleme unbedingt nötig.

Wenn man den Stand der Technik nicht bereits durch vorhergehende Arbeiten auf dem betreffenden Konstruktionsgebiet kennt, ist es meist rationeller und wirkungsvoller, sich zunächst nur den erforderlichen Überblick zu verschaffen und die Konstruktionsarbeit bis zur Verbesserung der Bauprinzipien voranzutreiben. Dann braucht man sich nur ganz gezielt die vertieften Kenntnisse zu erarbeiten, die man bezüglich des ausgewählten optimalen Bauprinzips für die Erstellung der Entwürfe und die anschließenden Arbeitsgebiete benötigt.

Der Stand der Technik findet seinen Niederschlag hauptsächlich in:

1. Ausgeführten und erprobten technischen Gebilden. (Auch die der Konkurrenz.)
2. Technische Unterlagen aller Art, wie z. B. Berechnungen, EDV-Programme, Zeichnungen, Stücklisten, Montageanleitungen, Betriebsanleitungen, Wartungspläne und technische Prospekte. (Auch hier sollte man, soweit sie auf legalem Wege zugänglich sind, den entsprechenden technischen Unterlagen der Konkurrenz größte Beachtung schenken).

3. Veröffentlichungen aller Art, wie z. B. Fachbücher, Fachzeitschriften, Normen, Berichte und Fachvorträge.

4. Patente und Gebrauchsmuster.

5. Eigene Erfahrungen und die der Mitarbeiter.

Da die Ermittlungen über den Stand der Technik einen ganz erheblichen Zeitaufwand (Wochen bis Monate, manchmal sogar Jahre) erfordern können, ist eine entsprechende Erfahrung des Konstrukteurs für seine Firma sehr wertvoll, denn durch sie kann der für die Konstruktionsarbeit erforderliche Zeitaufwand eventuell ganz erheblich verkürzt werden. Das ist auch der Hauptgrund, warum eine Firma eingearbeitete Konstrukteure nur ungern verliert.

Der Überblick und die Kenntnis über den Stand der Technik seines Konstruktionsgebietes sind es also in erster Linie, was ein erfahrener Konstrukteur einem Neuling auf diesem Konstruktionsgebiet voraus hat.

Das Pflichtenheft sollte auch mit den wichtigsten Ermittlungen über den Stand der Technik ergänzt werden. So können z. B. Hinweise auf wichtige Literaturstellen, Berechnungsverfahren, Normen, Patente bzw. andere Schutzansprüche später viel Sucharbeit ersparen.

Abbildung 4.2 zeigt das Arbeitsprogramm für die Ermittlungen über den Stand der Technik.

AS 1: Einarbeitung in das Konstruktionsgebiet durch:

Studium fachlicher Veröffentlichungen aller Art des betreffenden Konstruktionsgebietes.

Durcharbeitung technischer Unterlagen aller Art, soweit sie sich mit dem Konstruktionsgegenstand befassen.

Zusammenstellung aller in Frage kommenden Patente und anderer Schutzansprüche.

Untersuchungen an ausgeführten und bereits erprobten ähnlichen technischen Gebilden.

AS 2: Während der Bearbeitung von AS 1 Festhaltung aller wichtigen Quellen mit Inhaltsangabe. Falls erforderlich Anfertigung von Kopien.

AS 3: Während der Bearbeitung von AS 1 und AS 2 Anfertigung kurzer, stichpunktartiger Notizen über eigene Ideen.

AS 4: Ergänzung des Pflichtenheftes durch die Ergebnisse der AS 2 und 3.

Abbildung 4.2. Oberprogramm 2: *Ermittlungen über den Stand der Technik.*

→▭← Beispiel Spannvorrichtung

Bearbeitung an Hand des OP 2:

AS 1:   Zur Einarbeitung in das Konstruktionsgebiet werden insbesondere herangezogen:

Fachliteratur, wie z. B.

Blankenstein u. a.: Handbuch Vorrichtungsbau, Hanser-Verlag.

Scheibe/Wachinger: Hilfsbuch für Vorrichtungs-Konstrukteure, Verlag Schiele und Schön.

Schleiffer: Vorrichtungsbau, Hanser-Verlag.

Schreyer: Werkstückspanner, Springer-Verlag.

Thiel: Vorrichtungen, Hanser-Verlag.

Autorenkollektiv: Vorrichtungen, Verlag-Technik.

Spannzeug-Normen, wie z. B. DIN-Taschenbuch Band 14.

Alle erreichbaren technischen Unterlagen über bereits ausgeführte und im Handel befindlichen Spannvorrichtungen.

Alle bekannten Patente und Gebrauchsmuster, soweit sie Spannvorrichtungen betreffen.

AS 2:   Alle Unterlagen werden in einer Literaturliste erfaßt. Von allen nicht während der weiteren Bearbeitungszeit zur Verfügung stehenden Unterlagen werden stichpunktartige Inhaltsangaben bzw. Kopien angefertigt.

AS 3:   Eigene Ideen bei der Bearbeitung von AS 1/2 werden kurz notiert, aber jetzt noch nicht weiterverfolgt. Sie werden erst später an geeigneter Stelle wieder aufgegriffen.

AS 4:   Das Pflichtenheft wird ergänzt durch die Ergebnisse der AS 2/3.

4.3. Weitere Vorüberlegungen zum Problem

Wenn die Aufgabenstellung aus der Anfrage eines Kunden entstanden ist, wurden in der Regel bei der Klärung der Aufgabenstellung zunächst nur die Forderungen, Wünsche und Fernziele dieses Kunden berücksichtigt.

Bevor man die eigentliche Konstruktionsarbeit aufnimmt, sollte man sich aber ein genaueres Bild von der Marktsituation des zu konstruierenden technischen Gebildes machen. In einer sorgfältigen *Marktanalyse* sollten bezüglich des zu konstruierenden technischen Gebildes besonders der gesamte Verbraucherkreis und dessen Anforderungen, der zu erwartende Umsatz und die geltenden Marktpreise ermittelt sowie eine Trendstudie aufgestellt werden.

Ergibt sich aus der Marktanalyse die Möglichkeit, das Erzeugnis nicht nur an den einen Kunden, sondern an einen breiten Kundenkreis abzusetzen (das sollte man nach Möglichkeit immer anstreben, nur selten bietet der Markt diese Chance nicht), so muß die

Aufgabenstellung unter diesen neuen Gesichtspunkten nochmals überarbeitet und gegebenenfalls geändert werden.

Schließlich muß spätestens jetzt ein detaillierter *Terminplan* aufgestellt werden. Inhalt und Aufbau (Form) dieses Terminplans werden im wesentlichen durch die im Betrieb angewendete Organisationsform bestimmt. Ein solcher Terminplan muß jedoch mindestens alle für die Konstruktionsarbeit, die Materialbeschaffung, die Fertigung und die Auslieferung wichtigen Termine enthalten.

Die Ergebnisse der Marktanalyse und der Terminplan müssen in das Pflichtenheft übernommen werden.

In Abbildung 4.3 ist das Arbeitsprogramm für dieses Arbeitsgebiet dargestellt.

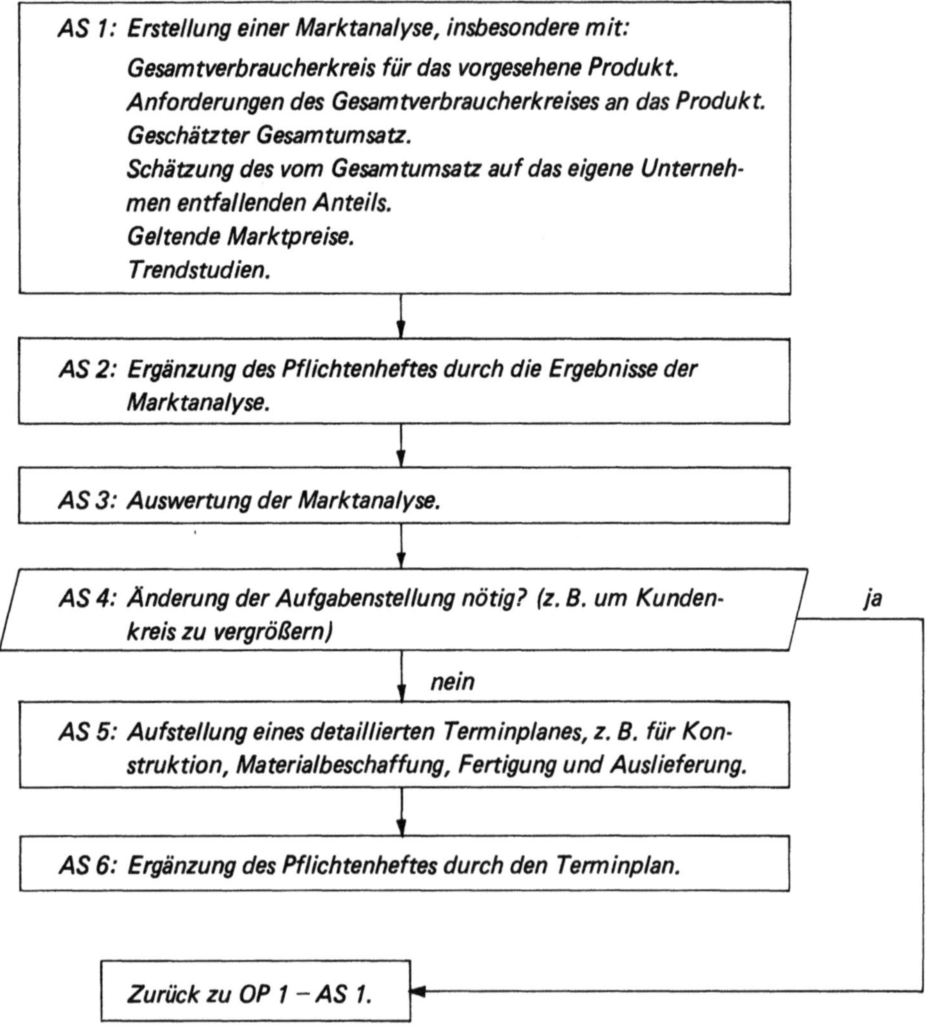

Abbildung 4.3. Oberprogramm 3: *Weitere Vorüberlegungen zum Problem.*

→☐← Beispiel Spannvorrichtung

Bearbeitung an Hand des OP 3:

AS 1:   Die Vertriebsabteilung oder ein Marktforschungsinstitut erhalten den Auftrag für die Erstellung einer Marktanalyse für die zu konstruierende Spannvorrichtung.

AS 2:   Das Pflichtenheft wird durch die Ergebnisse der Marktanalyse ergänzt.

AS 3:   Die Auswertung der Marktanalyse ergibt:

     1. Die Anforderungen des Gesamtverbraucherkreises sind in der bisherigen Aufgabenstellung bereits enthalten.

     2. Es ist ein Absatzanteil von ca. 5000 Stück jährlich zu erwarten.

     3. Die Selbstkosten der Spannvorrichtung dürfen maximal bei 62,– DM pro Stück liegen, da sonst auf Grund der üblichen Marktpreise kein ausreichender Gewinn mehr zu erzielen ist.

     4. Die Trendstudie läßt mittelfristig eine Umsatzsteigerung bei diesem Produkt erwarten.

AS 4:   Eine Änderung der bisherigen Aufgabenstellung ist nicht nötig, nur die neue Stückzahl ist zu berücksichtigen.

AS 5:   Die Arbeitsvorbereitung erhält den Auftrag für die Erstellung eines Terminplans.

AS 6:   Das Pflichtenheft wird durch den Terminplan ergänzt.

Mit diesem dritten Arbeitsgebiet ist die informierende Phase abgeschlossen. Es müssen jetzt alle Informationen, die für die Konstruktionsarbeit gebraucht werden, vorliegen.

Es sei hier jedoch ausdrücklich darauf hingewiesen, daß die drei Arbeitsgebiete (Klärung der Aufgabenstellung, Ermittlungen über den Stand der Technik, weitere Vorüberlegungen zum Problem) der Informationsphase als eine Einheit zu betrachten sind und ihre Reihenfolge vertauschen können.

So entspricht die gegebene und im Beispiel behandelte Reihenfolge dem Gang, wie er sich ergibt, wenn die Aufgabenstellung von einem Kunden an den Konstrukteur herangetragen wird.

Ergibt sich aber im Rahmen eigener Entwicklungsarbeiten der Firma eine Möglichkeit zur Fertigung eines neuen Produktes, so wird sich die Aufgabenstellung eventuell erst nach den Ermittlungen über den Stand der Technik sowie eingehend Marktstudien und anderen Vorüberlegungen genau fixieren lassen. Dies entspricht dann aber schon mehr dem Hauptprogramm „Entwicklung", in dem das Oberprogramm 3 vor 2 und 1 bearbeitet wird, auf das hier aber nicht weiter eingegangen wird.

4.4. Aufstellung der Funktionsstruktur

Mit der Aufstellung der *Funktionsstruktur* beginnt die analysierende Phase der Konstruktionsarbeit und damit eine für viele Konstrukteure zunächst ungewohnte Tätigkeit, da sie abstrahierendes Denken erfordert, was dem Techniker meist fremd ist. Dabei ist diese Phase eine der wichtigsten in der systematischen Entwicklung und Vervollkommnung der Konstruktion.

Eine große Gefahr bei der Konstruktionsarbeit besteht ja darin, daß man Lösungsideen an bereits ausgeführten ähnlichen technischen Gebilden orientiert. Dabei kann man zwar dann versuchen, durch Verbesserungen und Anpassungen der gegebenen Aufgabenstellung möglichst gut gerecht zu werden, aber ob man auf diesem Weg (wie er bisher meist üblich war) die optimale Lösung des Problems wirklich findet, ist doch sehr zweifelhaft und mehr oder weniger dem Zufall überlassen.

Um aus der Vielzahl der Lösungsmöglichkeiten (es sei hier nochmal an das Beispiel aus Abschnitt 3.1 erinnert, bei dem gezeigt wurde, wie sich bereits in einem einfachen Konstruktionsfall $5^5 = 3125$ verschiedene Lösungsmöglichkeiten ergeben) mit Sicherheit die optimale Lösung zu finden, ist es aber nötig, die vorliegende endgültige Aufgabenstellung aus ihrer konkreten präzisierten Form in eine abstrakte, für alle später zu erarbeitenden Lösungen gültige Form zu bringen.

Diese abstrakte Darstellung der konkret gegebenen Aufgabe ist der sicherste Weg, sich von bewußt oder unbewußt entwickelten Lösungsvorstellungen frei zu machen und die optimale Lösung aus dem breiten Angebot von Lösungen heraus zu erarbeiten.

Dabei darf diese allgemeine (abstrakte) Darstellung der Aufgabenstellung nur den Lösungsweg angeben, auf keinen Fall aber schon irgendeine Lösung selbst. In diesem wichtigen Schritt, etwas Konkretes abstrakt darzustellen, liegt für viele Konstrukteure eine große Schwierigkeit, denn sie sind in der Regel an ein exaktes Arbeiten im konkreten Bereich gewöhnt. Das folgende und auch die später noch angegebenen Beispiele zeigen aber, daß es gar nicht so schwer ist, die konkrete Aufgabenstellung zu abstrahieren.

Verlangt z. B. die Aufgabenstellung, ein Förderband zu konstruieren, das 30 kg Sand pro Sekunde transportiert, so kann man diese Aufgabenstellung unter Weglassung der quantitativen Angaben allgemeiner auch so formulieren:

> 1. Es ist ein Förderband für den Transport von Sand zu konstruieren.

Will man die Aufgabenstellung weiter abstrahieren, so könnte man sagen:

> 2. Es ist eine Einrichtung zur Sandförderung zu konstruieren.

Geht man mit dem Abstrahieren noch weiter, so kommt man schließlich zu der Formulierung:

> 3. Es ist eine Einrichtung zu konstruieren, die Stoff weiterleitet.

Die Formulierung 1 hat die sehr konkret gestellte Aufgabe kaum verallgemeinert. Es wird nach wie vor die Konstruktion eines Förderbandes verlangt. Wobei ja in der Regel gar nicht feststeht, ob ein Förderband für das vorliegende Transportproblem wirklich die optimale Lösung sein wird.

> Die Formulierung 2 abstrahiert da schon weiter. Neben dem Förderband bieten
> sich jetzt als Lösungen auch die Förderung des Sandes in Eimern, Wagen, Rohr-
> leitungen u.a. an. Hier wird man sicher die optimale Lösung für das anstehende
> Problem finden.
>
> Mit der Formulierung 3 ist man bereits zu weit gegangen in der Abstraktion,
> denn mit dieser Formulierung umfaßt man das gesamte Gebiet der Fördertechnik.
> Neben der optimalen Lösung erhält man auch eine große Zahl von Lösungsvarian-
> ten, die für die optimale Lösung überhaupt nicht in Frage kommen. Man findet
> zwar mit Sicherheit die optimale Lösung des Problems, benötigt dazu jedoch
> einen sehr großen Zeitaufwand.
>
> Die Formulierung 2 ist also am günstigsten abstrahiert. Sie wird mit einem ver-
> nünftigen Bearbeitungsaufwand mit größter Wahrscheinlichkeit ebenfalls die opti-
> male Lösung bringen.

Ein zu weitgehendes Abstrahieren kann also ebenso ungünstig sein wie ein zu geringes.
Der richtige Grad des Abstrahierens ist in erster Linie vom Allgemeinheitsgrad der gestellten konstruktiven Aufgabe abhängig. Je allgemeiner die Aufgabenstellung gehalten
ist, desto abstrakter muß die Funktionsstruktur aufgestellt werden, um alle theoretisch
möglichen Lösungsvarianten zu erfassen. Bei einer eng umrissenen, sehr speziell abge-
faßten Aufgabe muß die Funktionsstruktur meist weniger abstrakt formuliert werden;
allerdings wird dadurch die Zahl der Lösungsvarianten erheblich eingeschränkt. Da jedoch bei einer sinnvollen Aufstellung der Funktionsstruktur diejenigen Lösungsvarianten
wegfallen werden, die sowieso kaum zur optimalen Lösung führen würden, ist dies nicht
unbedingt als Nachteil zu werten, sondern kann sogar durch die Zeitersparnis ein gewis-
ser Vorteil sein.

Es sei jedoch ausdrücklich davor gewarnt, aus Bequemlichkeit, Zeitersparnis oder anderen
nicht stichhaltigen Gründen grundsätzlich immer nur mit einem geringen Abstraktionsgrad zu arbeiten. Wie schon gesagt: Der Allgemeinheitsgrad der Aufgabenstellung bestimmt
den Abstraktionsgrad.

Es hat sich als nützlich erwiesen, im ersten Schritt zunächst einmal die Gesamtaufgabe
zur Gesamtfunktion zu abstrahieren und diese in einer Prinzipskizze, der sogenannten
black box, darzustellen.

Wie die Abbildung 4.4 zeigt, ist der *Schwarze Kasten* ein Rechteck, das durch die Gesamtfunktion benannt wird, dessen genauer Inhalt aber zunächst noch unbekannt ist. Dabei
sollte die Gesamtfunktion durch ein Haupt- und ein Tätigkeitswort ausgedrückt werden.
Dieses Rechteck stellt gewissermaßen die Systemgrenze des zu konstruierenden technischen Gebildes dar. Da in einem technischen Gebilde die Eigenschaften und Zustände
von Energien, Stoffen und Signalen verändert werden können, stellt man durch Pfeile
den Fluß jener Größen durch den *Schwarzen Kasten* dar, die zur Verwirklichung der Gesamtfunktion im technischen Gebilde benötigt werden. Werden die Eigenschaften oder
Zustandsformen der Energie, des Stoffes oder der Signale beim Durchgang durch das
technische Gebilde entscheidend verändert, so ist in der Prinzipskizze der Gesamtfunktion
der Ein- und Austrittszustand anzugeben.

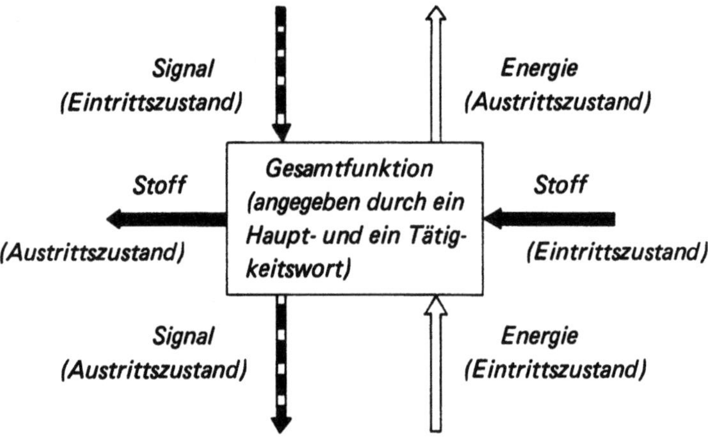

Abbildung 4.4. Schema für die Gesamtfunktion.

Zur Energie werden neben den verschiedenen Energiearten im konstruktiven Sinne hier auch Kräfte, Momente, Arbeit und Leistung gerechnet. Als Stoffe werden im Rahmen der Funktionsdarstellung alle materiellen Gegenstände angesehen, seien es Rohprodukte, Halbzeuge, Bauteile o.ä. Signale sind alle Informationseinheiten, die der Nachrichtenübermittlung und der Kontrolle und Steuerung von Vorgängen dienen.

> Die **Prinzipskizze der Gesamtfunktion** gibt die abstrahierte Aufgabenstellung an
> und zeigt durch den Zu- und Abfluß der beteiligten Größen, was innerhalb des
> technischen Gebildes zur Bewältigung dieser Aufgabe umgesetzt werden muß.

In vielen Fällen hat es sich als sehr vorteilhaft erwiesen, diese Prinzipskizze durch einige Sätze zu erläutern. In einer solchen Beschreibung der Gesamtfunktion kann man besser als in der Prinzipskizze z. B. schon auf besondere zeitliche Abläufe und das Zusammenwirken der verschiedenen Größen hinweisen. Eine Beschreibung der Gesamtfunktion wird immer eine gute Ergänzung der Prinzipskizze sein, sie sollte daher nie fehlen.

Als Beispiel soll eine Waschmaschine analysiert werden.

Die Abbildung 4.5 zeigt die Prinzipskizze der Gesamtfunktion für eine Waschmaschine. Die Gesamtfunktion kann wie folgt beschrieben werden:

Die schmutzige Wäsche, Wasser, Waschmittel und Spülmittel werden dem *Schwarzen Kasten* zugeführt, saubere Wäsche und Lauge verlassen ihn. Um den Waschvorgang zu ermöglichen, muß der *black box* Energie (in der Regel elektrische Energie) zugeführt werden; an die Umgebung wird Wärme abgegeben. Zur Steuerung und Regelung der Stoff- und Energieflüsse sind Signale erforderlich.

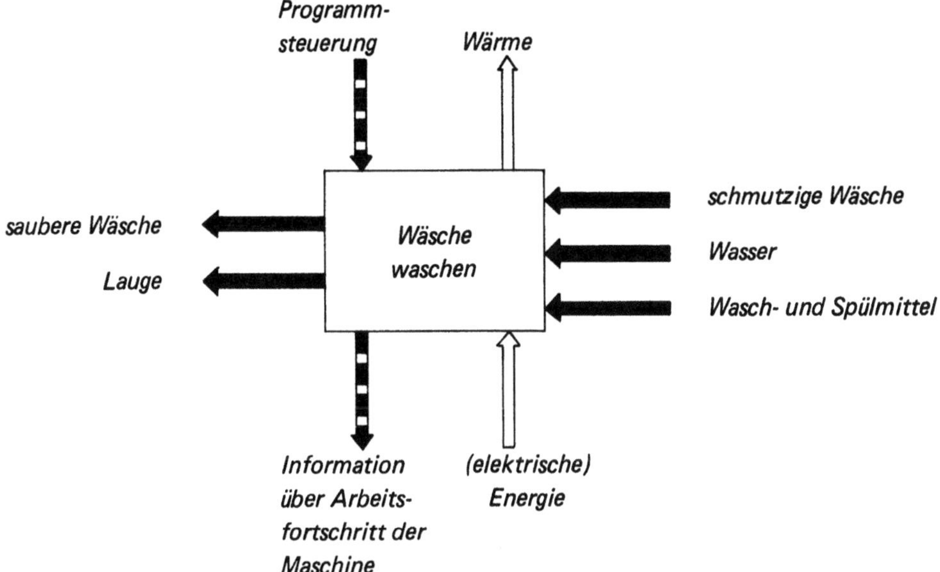

Abbildung 4.5. Schema der Gesamtfunktion „Wäsche waschen".

Der nächste Schritt besteht nun darin, den leeren *Schwarzen Kasten* auszufüllen, d. h. die Gesamtfunktion in die verschiedenen notwendigen Schritte, die sogenannten Teilfunktionen, zu zerlegen, so daß durch das Zusammenwirken dieser Teilfunktionen die angestrebte Gesamtfunktion erreicht wird.

> Die **Funktionsstruktur** ist eine Skizze, die wie ein Schaltplan die logische Verknüpfung der einzelnen Teilfunktionen zeigt, wie sie zur Erreichung des Ziels der Gesamtfunktion erforderlich sind.

Da es die weitere Bearbeitung sehr vereinfacht, sollte man möglichst bei der Zerlegung der Gesamtfunktionen in Teilfunktionen so weit gehen, daß für die vorgesehenen Teilfunktionen später direkt Verwirklichungsmöglichkeiten (Lösungselemente) angegeben werden können. Wenn dies nicht geschieht bzw. nicht möglich ist, muß man später für die betreffenden Teilfunktionen auf recht aufwendige Art die optimale Lösung suchen. Dies könnte z. B. so geschehen, daß die Teilfunktion wie eine Gesamtfunktion behandelt und in einer gesonderten Funktionsstruktur weiter unterteilt wird, um dann durch eine sinnvolle Anwendung der hier behandelten Konstruktionsmethode die optimale Lösung dieses Teilproblems zu erarbeiten.

Wie bereits bei der Gesamtfunktion erwähnt, können in einem Prozeß Energie, Stoff und Signale umgesetzt werden. Meistens ist eine dieser drei Umsatzarten dominierend. In der Regel wird man bei der Ausarbeitung der Funktionsstruktur mit dem jeweiligen Hauptfluß beginnen und dann die zusätzlich erforderlichen Flüsse einfügen.

Für die Erstellung der Funktionsstruktur sollte man sich merken:

> Im Energiefluß kann unabhängig von anderen Flüssen Energie umgeformt, gewandelt, gespeichert und gelietet werden.

> Ein Signalfluß ist immer von einem Energiefluß abhängig, da Signale ja energiebehaftet sind und Verlusten unterliegen.

> Auch der Stofffluß ist immer an einen Energiefluß gebunden, meist ist auch noch ein Signalfluß zum Prozeßablauf erforderlich.

In einer Prinzipskizze kann man sehr einfach den Funktionsablauf, also das sinnvolle Zusammenwirken von Teilfunktionen zur angestrebten Gesamtfunktion, darstellen. Da eine Skizze leicht ergänzt oder geändert werden kann, ist es empfehlenswert, die Funktionsstruktur zunächst in Skizzen zu erarbeiten.

Wichtig ist jedoch, daran zu denken, daß auch diese Skizzen nur Oberbegriffe enthalten dürfen, also aus abstrakten Symbolen bestehen müssen, und nicht etwa eine konkrete Darstellung eines technischen Gebildes sein dürfen.

Im allgemeinen wird es zweckmäßig sein, auch in der Funktionsstruktur den Funktionsablauf (Fluß) durch Pfeile zu symbolisieren und die einzelnen Funktionen durch Rechtecke darzustellen sowie jeweils durch ein Haupt- und ein Tätigkeitswort zu bezeichnen.

Das Rechteck der *black box* wird in der Funktionsstruktur zur Systemgrenze des technischen Gebildes, innerhalb derer die Teilfunktionen den Prozeßablauf angeben, wie das in der Abbildung 4.6 dargestellt ist.

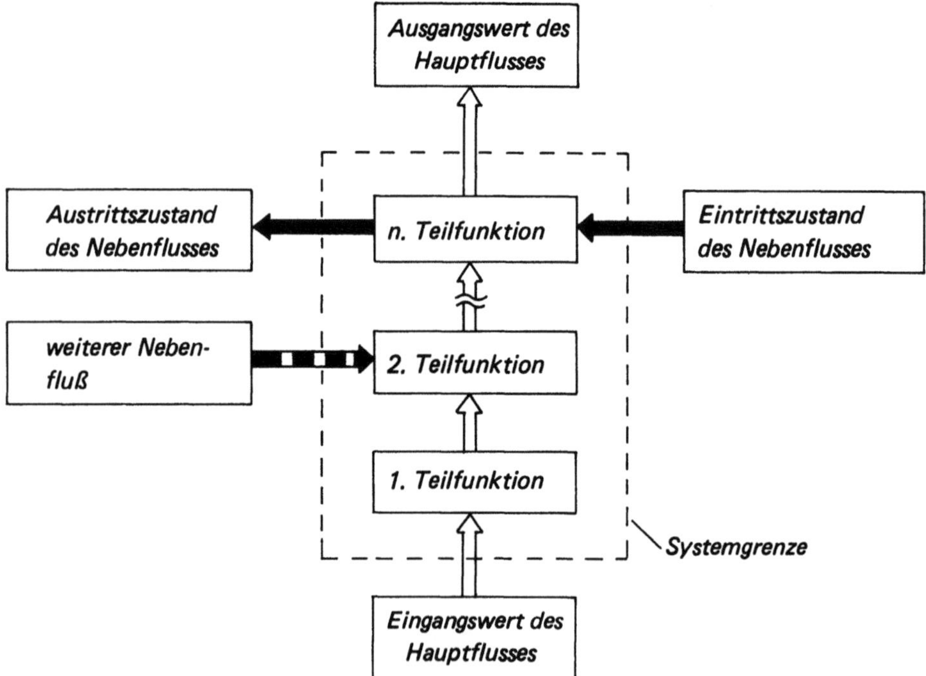

Abbildung 4.6. Schema der Funktionsstruktur.

Eine Beschreibung der Funktionsstruktur durch einige Sätze ist angebracht, da sie eine gute Ergänzung ist und eventuelle Unklarheiten beseitigen kann.

Bei der Aufstellung der Funktionsstruktur geht man am besten, so lange man noch nicht die nötige Übung im Abstrahieren hat, von einer bekannten oder vorgestellten Lösung aus und versucht, diese dann abstrakt zu beschreiben. Mit zunehmender Übung im Abstrahieren und der Aufstellung einer Funktionsstruktur kann man sich diesen kleinen Umweg sparen.

In Fortführung des Waschmaschinen-Beispiels soll jetzt für die in Abbildung 4.5 dargestellte Gesamtfunktion „Wäsche waschen" die Funktionsstruktur erarbeitet werden.

Wenn man noch nicht genug Erfahrungen im Aufstellen der Funktionsstruktur hat, verfolge man einmal den Ablauf eines normalen Waschprogramms in einer Waschmaschine und analysiere die einzelnen Schritte.

Der Hauptfluß ist sicher der Stofffluß, diesen kann man in folgende Teilfunktionen zerlegen:

Waschwasser zuführen, Waschmittel zuführen, Waschlauge erhitzen, Wäsche in der Lauge bewegen, Waschlauge ablassen, Spülwasser zuführen, Spülmittel zuführen, Wäsche im Spülwasser bewegen, Spülwasser ablassen.

Aus dem Energiefluß muß dem Stofffluß zum Erhitzen der Lauge und zum Bewegen der Wäsche Energie zugeführt werden.

Ein Signalfluß muß den gesamten Ablauf des Waschprogramms steuern.

In Abbildung 4.7 ist an Hand dieser Überlegungen eine Funktionsstruktur aufgestellt worden, die man so beschreiben kann:

Dem System wird schmutzige Wäsche zugeführt und durch das Signal „ein" der Waschvorgang eingeleitet. Im Waschvorgang wird zunächst das Waschwasser bis zu einer Meßmarke eingefüllt und das Waschmittel zugegeben. Dann wird die Waschlauge bis zum Erreichen einer eingestellten Meßmarke erhitzt, dazu muß elektrische Energie in Wärmeenergie umgeformt werden. Zur Bewegung der Wäsche in der Waschlauge wird elektrische in mechanische Energie umgewandelt. Nach dem Ablassen der Waschlauge wird Spülwasser bis zum Ereichen einer Meßmarke eingefüllt und das Spülmittel zugeführt. Durch erneute Umformung von elektrischer in mechanische Energie wird die Wäsche im Spülwasser bewegt. Nach Beendigung des Spülganges wird das Spülwasser abgelassen (eventuell wird der Spülgang mehrmals wiederholt) und durch das Signal „aus" der Waschvorgang abgeschlossen. Jetzt kann die saubere Wäsche dem System entnommen werden. Alle Teilfunktionen des Stoff- und Energieflusses werden in ihrem Ablauf durch einen Signalfluß geregelt und gesteuert. Während des gesamten Waschvorgangs werden Geräusche, Erschütterungen und Wärme an die Umgebung abgegeben.

(Eventuell muß zur Durchführung der Teilfunktionen „Waschlauge ablassen" und „Spülwasser ablassen" auch noch Energie umgeformt werden.)

Im vorstehenden Beispiel ist manchem vielleicht bereits aufgefallen, daß man einige Teilfunktionen des Stofflusses in ihrer Reihenfolge ändern bzw. zusammenfassen könnte.

Auch bei logischer und folgerichtiger Aufstellung der Funktionsstruktur ist es durchaus möglich, verschiedene Schaltbilder für dasselbe Problem zu erhalten. Um die günstigste Schaltung zu finden, ist es daher nötig, die zuerst gefundene Schaltung auf *Variationsmöglichkeiten* hin zu untersuchen. Solche Variationsmöglichkeiten einer Funktionsstruktur sind z. B. die in Tafel 4-5 angegebenen.

Tafel 4-5. Variationsmöglichkeiten einer Funktionsstruktur.

1.	Verschiebung der Systemgrenzen.
2.	Änderung der Reihenfolge der Teilfunktionen.
3.	Zerlegung einer Teilfunktion in mehrere.
4.	Zusammenlegung mehrerer Teilfunktionen zu einer.
5.	Änderung einer Reihenschaltung in einer Parallelschaltung oder umgekehrt.

Die in Abbildung 4.7 aufgestellte Funktionsstruktur des Waschmaschinen-Beispiels soll auf sinnvolle Variationsmöglichkeiten untersucht werden.

zu Variationsmöglichkeit 1:
Man könnte die Teilfunktionen „Waschmittel lagern" und „Spülmittel lagern" einführen und innerhalb der Systemgrenzen anordnen.

zu Variationsmöglichkeit 2:
Man könnte die Teilfunktionen 1 und 2 sowie 6 und 7 in ihrer Reihenfolge ändern.

zu Variationsmöglichkeit 3:
Man könnte den Spülvorgang (Teilfunktionen 6 bis 9) mehrfach wiederholen, desgleichen den Waschgang (Teilfunktionen 1 bis 5).

zu Variationsmöglichkeit 4:
Man könnte die Teilfunktionen 1 und 2 zu einer Funktion zusammenfassen, desgleichen die Teilfunktionen 6 und 7.

Will man im Sinne einer möglichst allgemeinen und umfassenden Lösungsfindung den Abstraktionsgrad so groß wie möglich wählen, so kommt man zur *Allgemeinen Funktionsstruktur.*

In dieser höchsten Abstraktion unterscheidet man nur noch die *Allgemeinen Größen* Stoff (St), Energie (E) und Nachricht (N) sowie die *Allgemeinen Operationen* Leiten, Speichern, Wandeln und Verknüpfen. Dabei kommt den allgemeinen Operationen folgende Bedeutung zu:

Leiten ist die Ortsänderung einer St-, E- oder N-Menge, wobei Zeitpunkt, Erscheinungsform und Betrag konstant bleiben. Unter Zeitpunkt konstant wird dabei (genauso wie bei den folgenden Operationen) ein momentaner Vorgang verstanden bzw. der Ablauf der Zeit kann für die Betrachtung der betreffenden Funktion vernachlässigt werden.

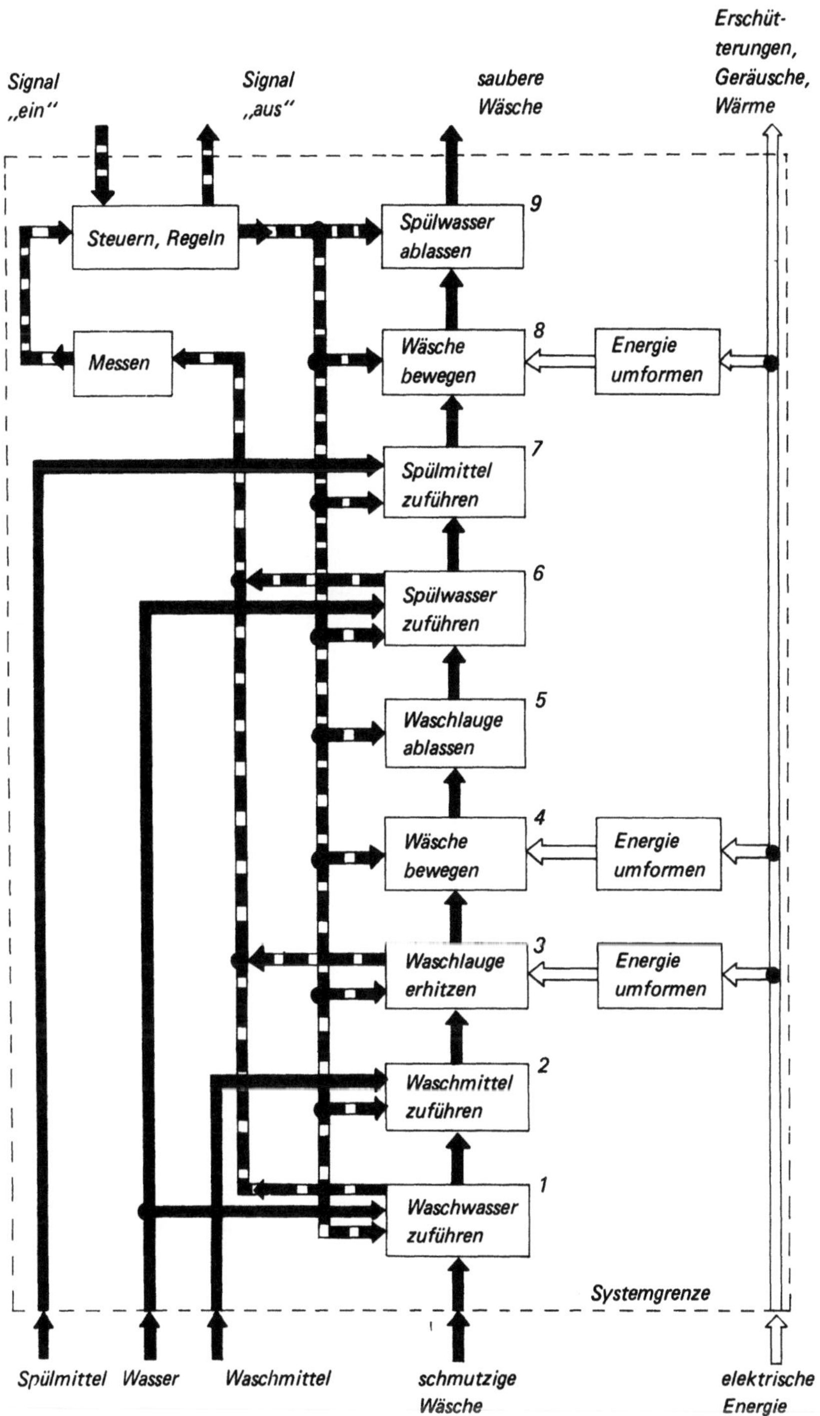

Abbildung 4.7. Schema der Funktionsstruktur einer Waschmaschine.

Speichern ist die Konstanthaltung einer St-, E- oder N-Menge über einen endlichen Zeitraum.

Wandeln ist die Änderung der Erscheinungsform einer St-, E- oder N-Menge, wobei Ort, Zeitpunkt und Betrag konstant bleiben.

Summatives Verknüpfen gleicher Größen ist die Zusammenfassung zweier St-, E- oder N-Mengen, wobei Ort, Zeitpunkt und Erscheinungsform konstant bleiben.

Summatives Verknüpfen verschiedener Größen ist die Aufprägung (Beeinflussung) einer St-, E- oder N-Menge auf (durch) eine St-, E- oder N-Menge, wobei Ort, Zeitpunkt und Erscheinungsform konstant bleiben.

Distributives Verknüpfen gleicher Größen ist die Teilung einer St-, E- oder N-Menge in zwei Stränge, wobei Ort, Zeitpunkt und Erscheinungsform konstant bleiben.

Distributives Verknüpfen verschiedener Größen ist die Abgreifung einer St-, E- oder N-Menge von einer St-, E- oder N-Menge, wobei Ort, Zeitpunkt und Erscheinungsform konstant bleiben.

Es ergeben sich 18 *Allgemeine Funktionen*, die in Tafel 4-6 mit ihren Symbolen zusammengestellt sind. Mit Hilfe dieser 18 allgemeinen Funktionen kann man jedes technische Problem in einem Schaltbild darstellen, wobei bezüglich der Variationsmöglichkeiten das gleiche gilt, was für die Funktionsstruktur in der Tafel 4-5 zusammengestellt ist.

Das Schaltbild der Allgemeinen Funktionsstruktur beinhaltet, da es so abstrakt (allgemein) wie möglich gehalten ist, alle sich überhaupt ergebenden Lösungsmöglichkeiten. Ihre Zahl wird ungeheuer groß sein. Eine so weitgehende Abstrahierung setzt in der Regel (wenn man wirtschaftlich arbeiten will) voraus, daß man sich bei der Aufstellung der Verwirklichungsmöglichkeiten und der Aufstellung der Bauprinzipien (das sind die nächstfolgenden Arbeitsgebiete) einer Datenverarbeitungsanlage mit einer entsprechenden Datenbank bedienen kann. Ist dies nicht der Fall, so ist meist eine geringere Abstraktion vorteilhafter.

Tafel 4-6. Die Allgemeinen Funktionen. (nach VDI 2222)

Allgemeine Größen	Allgemeine Operationen					
	Leiten	Speichern	Wandeln	Verknüpfen (summativ →)		(← distributiv)
Stoff	Stoff leiten	Stoff speichern	Stoff wandeln	Stoff und Stoff verknüpfen	Stoff und Energie verknüpfen	Stoff und Nachricht verknüpfen
Energie	Energie leiten	Energie speichern	Energie wandeln	Energie und Energie verknüpfen	Energie und Nachricht verknüpfen	Energie und Stoff verknüpfen
Nachricht	Nachricht leiten	Nachricht speichern	Nachricht wandeln	Nachricht und Nachricht verknüpfen	Nachricht und Stoff verknüpfen	Nachricht und Energie verknüpfen

Abbildung 4.8 gibt für das Waschmaschinen-Beispiel das Schaltbild der Allgemeinen Funktionsstruktur an, wobei um die Übersicht zu erleichtern, nur ein Wasch- und ein Spülgang dargestellt sind und die Energieverluste nicht eingezeichnet wurden.

Vergleicht man Abbildung 4.7 und Abbildung 4.8, so sieht man ganz deutlich den Unterschied im Abstraktionsgrad. Das Schaltbild der Funktionsstruktur in Abbildung 4.7 läßt das technische Problem „Wäsche waschen" noch deutlich erkennen, während das beim Schaltbild der Allgemeinen Funktionsstruktur in Abbildung 4.8 nicht mehr der Fall ist.

Eine Beschreibung der Allgemeinen Funktionsstruktur soll die Deutung des Schaltbildes erleichtern.

Die Hausfrau gibt die schmutzige Wäsche in die Maschine *1*, füllt Waschmittel *2* und Spülmittel *3* ein, wählt das gewünschte Waschprogramm *4* und schaltet die Maschine ein *5*. Der Programmspeicher *6* öffnet jetzt den Wasserzulauf *7*. Das einströmende Wasser spült das Waschmittel *8* mit in den Waschbehälter. Ist die richtige Wasserhöhe erreicht *9*, wird der Wasserzulauf wieder gesperrt. Nun wird die Waschlauge aufgeheizt *10* und die Wäsche in der Lauge bewegt *11*. Ist die gewünschte Waschtemperatur erreicht, wird die Heizung abgeschaltet *12*. Nach einer gewissen Zeit, in der die Wäsche ständig bewegt und dabei gesäubert *13* wird, kommt das Signal *14* zum Abpumpen *15* der Waschlauge in den Abfluß *16*. Nun wird erneut der Wasserzulauf geöffnet *17*. Diesmal nimmt das einströmende Wasser das Spülmittel *18* mit. Nach Erreichen der richtigen Wasserhöhe wird der Wasserzulauf beendet *19*. Durch Bewegung der Wäsche im Spülwasser *20* wird die Wäsche gespült *21*. Nach einer gewissen Spülzeit wird das Spülwasser abgepumpt *22* und danach die Maschine abgeschaltet *23*. Jetzt kann die Hausfrau die saubere Wäsche der Maschine entnehmen *24*.

Mit der Funktionsstruktur hat man den unbedingt erforderlichen allgemeinen Überblick über die Aufgabenstellung und das Zusammenwirken der Teilfunktionen gegeben. Das konkrete konstruktive Problem ist damit abstrahiert. Wenn man jetzt sofort daranginge, für die einzelnen Teilfunktionen Verwirklichungsmöglichkeiten zu suchen, so würde man eine große Anzahl von Lösungen erhalten, die den speziellen Forderungen der Aufgabenstellung nicht gerecht werden.

In der Allgemeinen Funktionsstruktur des Waschmaschinen-Beispiels (Abbildung 4.8) ist die Energie ja bisher nicht näher definiert, im Gegensatz zur weniger abstrahierten Funktionsstruktur der Abbildung 4.7, wo bereits die elektrische Energie als Energiequelle angegeben wurde. In der Allgemeinen Funktionsstruktur müßte man bei diesem Stand der Aufgabe neben den Lösungen für elektrische Energie auch alle anderen Energiequellen noch berücksichtigen, so z. B. auch die mechanische Energie, die Wärmeenergie, die Strahlungsenergie, die chemische Energie und die Atomenergie. Dabie liegt es auf der Hand, daß die anderen Energiearten im Haushalt zum Teil nicht zur Verfügung stehen, für eine optimale Lösung der Aufgabe also gar nicht in Betracht kommen können.

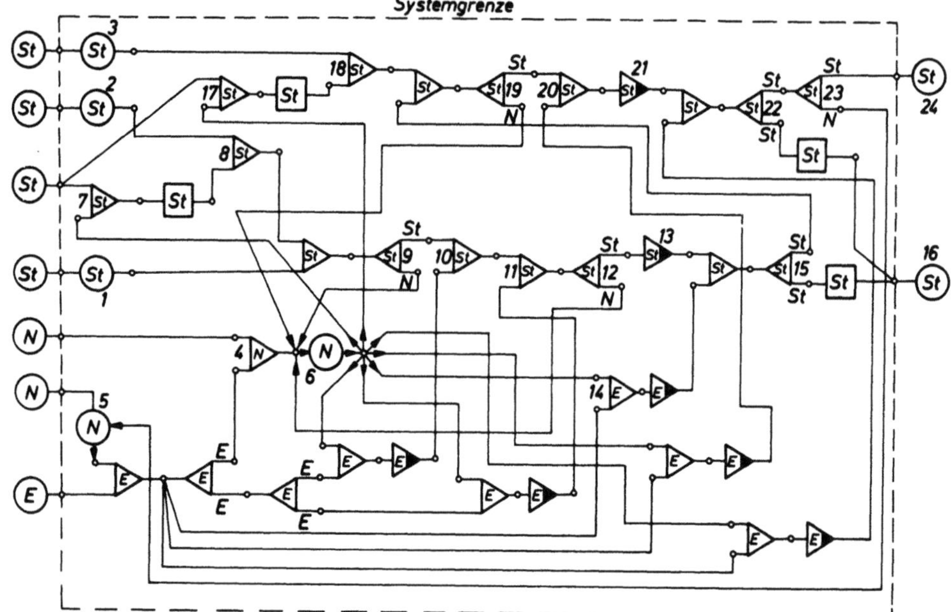

Abbildung 4.8. Allgemeine Funktionsstruktur für das "Waschmaschinen-Beispiel".

Gesamtfunktion:

Ziel der Gesamtfunktion	zu beachtende Forderungen	zu beachtende Gegebenheiten	
		Elemente	Eigenschaften

Funktionsstruktur:

Teilfunktionen	auszuführende Tätigkeiten	zu beachtende Forderungen

Abbildung 4.9. Übersichtstabellen.

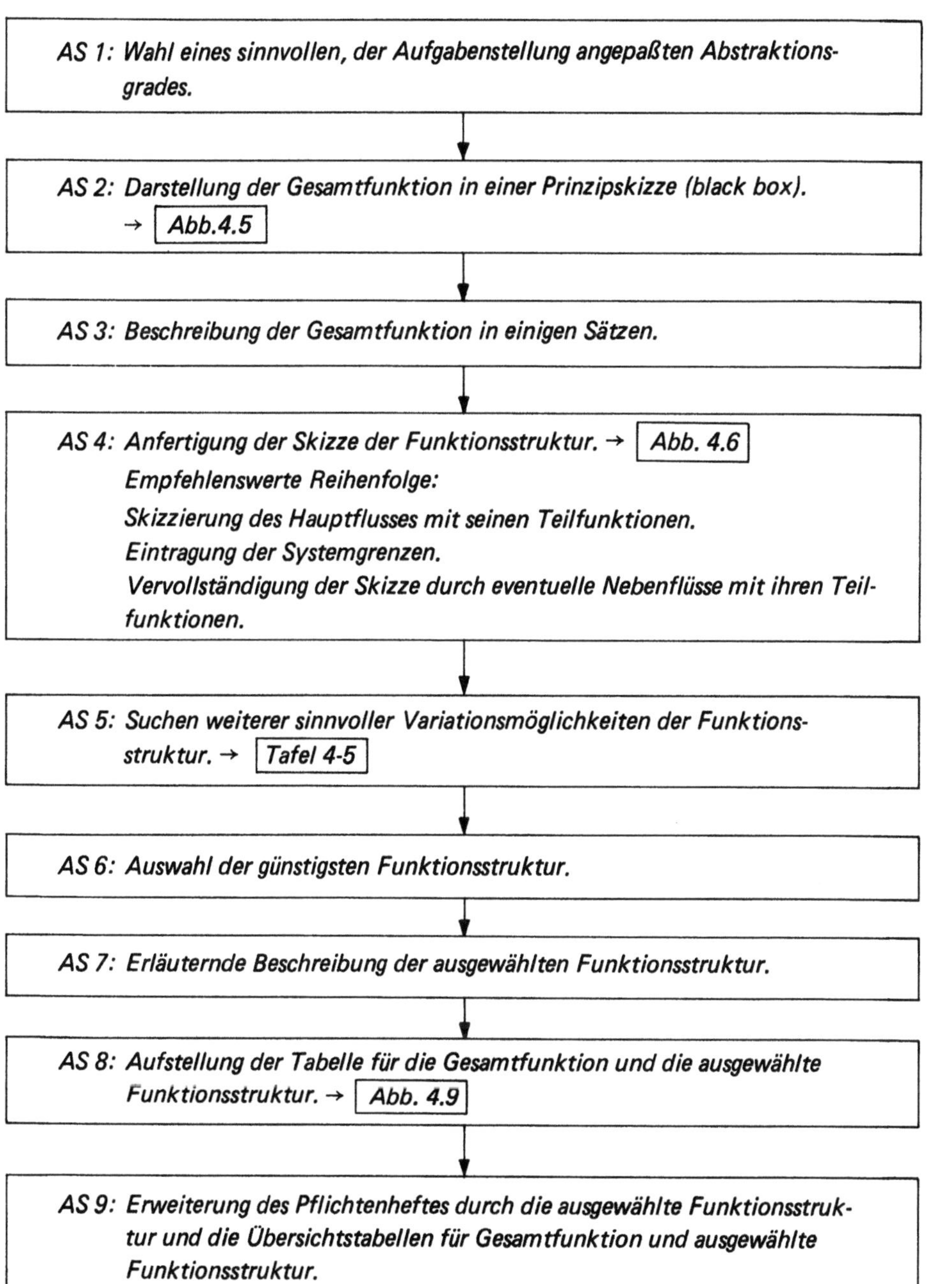

Abbildung 4.10. Oberprogramm 4: *Aufstellung der Funktionsstruktur.*

Man würde also zunächst Scheinlösungen mitschleppen, die man später irgendwann doch aussondern müßte. Um den Zeitaufwand für die Konstruktionsarbeit so klein wie möglich zu halten und die Methode damit den Forderungen der Praxis anzupassen, muß also so schnell wie möglich eine entsprechende Auswahl getroffen werden.

Hierfür hat es sich als nützlich erwiesen, die konkreten Forderungen der Aufgabenstellung in Tabellen mit den abstrakten Funktionsangaben zu verknüpfen. Abbildung 4.9 zeigt Muster, wie solche Übersichtstabellen angelegt sein sollten, damit man die Zuordnung der konkreten Gegebenheiten und Forderungen zu den abstrahierten Funktionen klar erkennt. In diesen Übersichtstabellen findet man die *Auswahlkriterien* für alle geeigneten Lösungen, die zur optimalen Lösung der vorliegenden konkreten Aufgaben führen können. Diese Tabellen mit den Auswahlkriterien bilden die Grundlage für die im folgenden vorzunehmende Bewertung und Auswahl.

In Abbildung 4.10 ist das Arbeitsprogramm für das im Abschnitt 4.4 erläuterte Arbeitsgebiet gegeben.

→▭← Beispiel Spannvorrichtung

Bearbeitung an Hand des OP 4:

AS 1:   Da in der Aufgabenstellung sehr spezielle Forderungen für die Spannvorrichtung erhoben wurden und eine Datenverarbeitung für die weitere Bearbeitung nicht zur Verfügung steht, hat es keinen Sinn, mit dem größtmöglichen Abstraktionsgrad zu arbeiten und über die Allgemeine Funktionsstruktur das Problem der Spannvorrichtung in seiner ganzen Breite zu bearbeiten. Es wird ein mittlerer Grad der Abstraktion gewählt.

AS 2:   Die Prinzipskizze der Gesamtfunktion ist in der Abbildung 4.11 angegeben.

AS 3:   Das unbearbeitete Werkstück wird dem technischen Gebilde zugeführt und auf ein Signal hin unter Zuführung von Energie festgehalten. Nach der Bearbeitung wird das Werkstück auf ein anderes Signal hin, gegebenenfalls unter erneuter Zuführung von Energie, wieder freigegeben und aus dem technischen Gebilde entfernt.

AS 4:   Die Abbildung 4.12 zeigt die Skizze der Funktionsstruktur für die Spannvorrichtung. Die Teilfunktionen sind so angegeben, daß später für sie direkt Lösungsmöglichkeiten benannt werden können.

AS 5:   Im Energiefluß kann die Reihenfolge der Teilfunktionen 1 und 2 vertauscht werden.

AS 6:   Es bleibt bei der in Abbildung 4.12 aufgestellten Funktionsstruktur, denn es erscheint günstiger, die kleinere Kraft zu übertragen und sie erst nach der Übertragung zu verstärken.

AS 7:   Das unbearbeitete Werkstück wird dem System zugeführt. Wenn es die gewünschte Lage hat, wird durch ein Signal eine kurzzeitig wirkende Betätigungskraft ausgelöst. Die Betätigungskraft wird im System übertragen und zur erforderlichen Haltekraft verstärkt. Diese Haltekraft muß während der ganzen nun einsetzenden Bearbeitung des Werkstücks konstant gehalten werden. Nach der Bearbeitung wird auf ein anderes Signal hin erneut die Betätigungskraft ausgelöst und damit die Vorrichtung geöffnet, so daß das bearbeitete Werkstück entfernt werden kann. Danach kann der Prozeß wieder von vorn ablaufen. Die im Prozeß auftretenden Energieverluste werden an die Umgebung abgegeben.

AS 8:   In Tafel 4-7 ist in den beiden Übersichtstabellen die Verbindung zwischen dem abstrakt formulierten Lösungsschema und den konkreten Anforderungen der Aufgabenstellung geschaffen.

AS 9:   Die Funktionsstruktur (Abbildung 4.12) und die Übersichtstabellen (Tafel 4-7) werden in das Pflichtenheft übernommen.

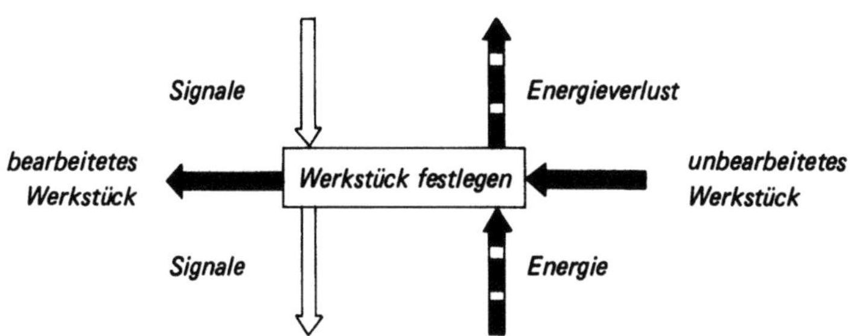

Abbildung 4.11. Prinzipskizze der Gesamtfunktion für das Beispiel *Spannvorrichtung*.

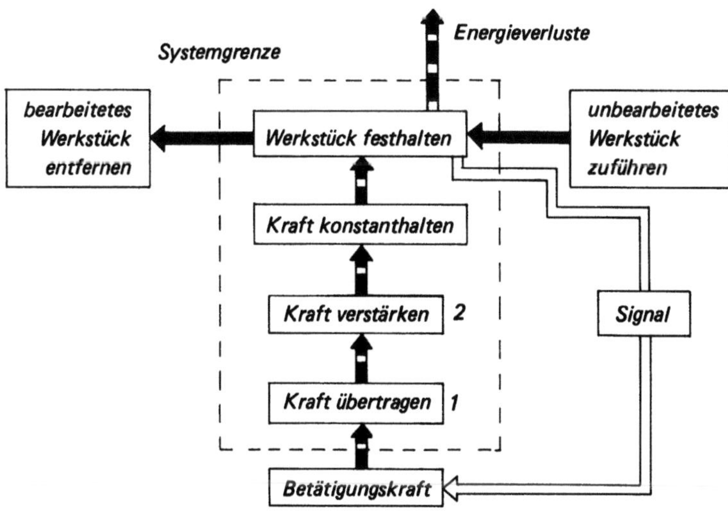

Abbildung 4.12. Skizze der Funktionsstruktur für das Beispiel *Spannvorrichtung*.

Tafel 4-7. Übersichtstabellen zum Beispiel Spannvorrichtung

Gesamtfunktion:

Ziel der Gesamtfunktion	zu beachtende Forderungen	zu beachtende Gegebenheiten	
		Elemente	Eigenschaften
Festlegung eines Werkstückes zum Zwecke der Bearbeitung	Keine Beschädigung der Werkstückoberfläche	Anpreßbacken	Glatte Anpreßflächen
			Leichte Anpassung an Größe und Form des Werkstückes
	Werkstück muß nach Festlegung noch zu bearbeiten sein		
	Werkstück darf sich auch bei Schwingungen nicht lockern		
	Haltekraft muß konstant bleiben	Betätigungskraft ist Handkraft	Handkraft ca. 200 N

Funktionsstruktur:

Teilfunktionen	auszuführende Tätigkeiten	zu beachtende Forderungen
Kraft übertragen	Übertragung und Weiterleitung der Betätigungskraft	Werkstück soll in ca. 20 Sekunden festzulegen sein
Kraft verstärken	Verstärkung der Betätigungskraft zur Haltekraft	Haltekraft stufenlos regelbar bis auf 5000 N
Kraft konstant halten	Konstanthaltung der Haltekraft während des ganzen Spannvorganges	Betätigungskraft wirkt nur am Anfang des Spannvorganges
		Konstanthaltung muß auch bei Schwingungen des Werkstückes wirksam bleiben
Werkstück festhalten	Sichere Festlegung des Werkstückes	Werkstück darf sich auch bei Schwingungen nicht lockern
		Glatte Anpreßflächen
		Leichte Anpassung an Größe und Form des Werkstücks

4.5. Aufstellung der Verwirklichungsmöglichkeiten

Um alle nur möglichen Lösungskombinationen für die Gesamtfunktion angeben zu können, muß man zunächst einmal für jede Teilfunktion die *Verwirklichungsmöglichkeiten* zusammenstellen.

Diese Aufstellungen der Verwirklichungsmöglichkeiten für die einzelnen Teilfunktionen müssen unbedingt alle für die vorliegende Aufgabenstellung in Frage kommenden Verwirklichungsmöglichkeiten enthalten; denn wenn hier eine Verwirklichungsmöglichkeit nicht angegeben wird, wird sie anschließend in der Kombinationsphase nicht mit berücksichtigt, und alle Bauprinzipien, die sich aus Kombinationen mit ihr ergeben könnten, werden nicht gefunden. Unter diesen nicht gefundenen Bauprinzipien könnte aber gerade die wirklich optimale Lösung sein.

Je enger die Teilfunktion umrissen ist, desto schneller kann man ihre Verwirklichungsmöglichkeiten angeben, desto eher kann man auch Hilfsmittel wie Konstruktionskataloge, allgemeine Übersichtstafeln und ähnliches verwenden und desto öfter wird man bei verschiedenen Aufgabenstellungen auf demselben Konstruktionsgebiet immer wieder auf dieselben Teilfunktionen kommen, so daß man auf den schon einmal erarbeiteten Verwirklichungsmöglichkeiten aufbauen bzw. sich eigene Übersichtstafeln für die Verwirklichungsmöglichkeiten einer Teilfunktion aufstellen kann.

Dieselbe Aufgabe wie diese Konstruktionskataloge und Übersichtstafeln kann im Zusammenhang mit einer EDV-Anlage auch ein Informationsspeicher bzw. eine Datenbank übernehmen.

Muß die Aufstellung der Verwirklichungsmöglichkeiten von einem einzelnen Konstrukteur bearbeitet werden, und stehen die vorgenannten Hilfsmittel wie Konstruktionskataloge, Übersichtstafeln, Datenbanken o. ä. nicht zur Verfügung, so muß der Bearbeiter versuchen, durch methodisches zielbewußtes Denken alle in Frage kommenden Lösungsmöglichkeiten zu finden. Die Anwendung heuristischer Methoden wird dabei die Erfolgschance wesentlich verbessern.

Dabei werden in diesem Zusammenhang besonders die Methode des Fragens und die Methode des Vorwärtsschreitens zum Erfolg führen (vgl. Abschnitt 3.1).

Die Chance des einzelnen wird durch einen fachlichen Dialog mit einem zweiten wesentlich verbessert. Noch stärker natürlich durch die Diskussion in einer funktionstüchtigen Gruppe von aufgeschlossenen, vorurteilslosen Fachleuten verschiedener Bereiche.

Bei der Zusammenstellung der Verwirklichungsmöglichkeiten empfiehlt sich meist der besseren Übersicht wegen eine Gliederung unter Zugrundelegung sinnvoller ordnender Gesichtspunkte.

Da die Verwirklichungsmöglichkeiten auf die vorliegende Aufgabenstellung bezogen sein müssen, darf man alle Lösungsmöglichkeiten, die zwar theoretisch für die Teilfunktion in Frage kommen, durch eingrenzende Bedingungen der Aufgabenstellung aber nicht brauchbar sind, in der Aufstellung auch nicht mit aufführen.

Eingrenzungen ergeben sich oft auch aus den erforderlichen Abmessungen heraus. Sind diese nicht bereits der Aufgabenstellung zu entnehmen, müssen die Hauptabmessungen noch vor der Aufstellung der Verwirklichungsmöglichkeiten ermittelt werden. Dazu genügt zunächst meist eine Überschlagsrechnung für die wichtigsten Teile.

> Hat man z. B. das Problem, zwei Blechteile miteinander zu verschrauben, so ist es wichtig, rechtzeitig die Blechdicke zu bestimmen, denn dünne Bleche kann man sehr kostengünstig mittels Blechschrauben verschrauben, bei größeren Blechdicken entfällt diese Möglichkeit jedoch.

Das Arbeitsprogramm für die Aufstellung der Verwirklichungsmöglichkeiten ist in der Abbildung 4.13 gegeben.

AS 1: *Wenn die Hauptabmessungen und die Hauptbeanspruchung nicht bereits bekannt, Ermittlung dieser Werte durch eine Überschlagsrechnung.*

AS 2: *Aufstellung aller Verwirklichungsmöglichkeiten für jede der benötigten Teilfunktionen unter besonderer Berücksichtigung der in der Aufgabenstellung gegebenen eingrenzenden Bedingungen.*

Abbildung 4.13. Oberprogramm 5: *Aufstellung der Verwirklichungsmöglichkeiten.*

─◼─ Beispiel Spannvorrichtung

Bearbeitung an Hand des OP 5

AS 1: Eine Überschlagsrechnung ist hier nicht erforderlich, da die Abmessungen der Anpreßbacken, die Größe des Spannbereiches und die erforderliche Spannkraft in der Aufgabenstellung bereits gegeben sind.

Weitere Größen erscheinen nicht erforderlich.

AS 2: Da in der Anforderungsliste der Hinweis gegeben ist, daß nur menschliche, elektrische, hydraulische und pneumatische Energie zur Verfügung steht, muß auf die anderen Energiearten bei der Aufstellung der Verwirklichungsmöglichkeiten gar nicht eingegangen werden.

Auch die elektrische Energie wird nicht berücksichtigt, denn eine transportable Spannvorrichtung, deren Aufstellungsort oft verändert wird, müßte mit lose verlegtem Kabel angeschlossen werden, was sicherheitstechnisch auf stärkste Bedenken stößt.

Aufstellung der Verwirklichungsmöglichkeiten für die Kraftübertragung:

1. Mechanisch

    1.1. Drehende Bewegung

Achse, Welle Hebel	1
Riemen	2
Kette	3
Seil	2
Zahnrad	5
Reibrad	1

    1.2. Drehende/geradlinige Bewegung

Spindel	3
Riemen	2
Kette	3
Seil	2
Zahnrad/Zahnstange	5
Reibrad/Reibstange	3

    1.3. Geradlinige Bewegung

Gestänge	2
Schlitten	4
Riemen	2
Kette	3
Seil	2

2. Hydraulisch, pneumatisch

    2.1. Geradlinige Bewegung

Luft in Leitung	1
Flüssigkeit in Leitung	1

Auf die Bedeutung der in den Aufstellungen hinter den einzelnen Verwirklichungsmöglichkeiten angegebenen Ziffern wird im Beispiel Spannvorrichtung im Abschnitt 4.6 eingegangen.

Aufstellung der Verwirklichungsmöglichkeiten für die Kraftverstärkung (einschließlich Momentenverstärkung):

1. Mechanisch

    1.1. Feste Übersetzung

Schraubengetriebe	3
Zahnradgetriebe	5
Riementrieb	4
Kettentrieb	5
Seiltrieb	3
Reibradgetriebe	4
Keil	1
Hebel	1

1.2. Veränderliche Übersetzung

Zahnradgetriebe	6
Riementrieb	5
Kettentrieb	6
Reibradgetriebe	4
Koppelgetriebe	4
Kurvengetriebe	3
Hebel	2

2. Hydraulisch

Hydrostatische Verfahren	2
Hydrodynamische Verfahren	6

3. Pneumatisch

Statische Verfahren	3
Dynamische Verfahren	6

Aufstellung der Verwirklichungsmöglichkeiten für die Kraftkonstanthaltung:

1. Kraftschlüssig

Reibkraft	1
Feder	3
Gewicht	2

2. Formschlüssig

Anschlag	1
Gesperre	4
Hebel	3
Kurvenscheibe	2

3. Armaturen

Hahn	4
Klappe	3
Schieber	5
Ventil	5

Aufstellung der Verwirklichungsmöglichkeiten für die Anpreßbacken:

Universalbacken	2
(für alle Werkstückformen und Werkstückgrößen geeignet)	
Verstellbare Backen	4
(werden auf die jeweilige Form und Größe des Werkstücks eingestellt)	
Auswechselbare Backen	5
(werden der jeweiligen Form und Größe des Werkstücks entsprechend ausgewechselt)	

4.6. Bewertung der Verwirklichungsmöglichkeiten

Nachdem nun für jede Teilfunktion die Verwirklichungsmöglichkeiten ermittelt worden sind, lassen sich Bauprinzipien zur Erfüllung der Gesamtfunktion aufstellen, indem man die verschiedenen Verwirklichungsmöglichkeiten der erforderlichen Teilfunktion miteinander kombiniert.

Die Anzahl der sich dabei theoretisch ergebenden Kombinationen wird

$$Z = n_1 \cdot n_2 \cdot n_3 \cdot \ldots \cdot n_i \cdot \ldots \cdot n_k$$

In dieser Gleichung bedeutet n_i die Anzahl der ermittelten Verwirklichungsmöglichkeiten für die i-te Funktion und k die Zahl der erforderlichen Teilfunktionen.

Die Zahl der *theoretischen Kombinationsmöglichkeiten* wird also in der Regel sehr groß sein, wie schon früher kurz erläutert wurde.

→▭← Beispiel Spannvorrichtung

Die Zahl der theoretischen Kombinationsmöglichkeiten auf Grund der in Abschnitt 4.5 ermittelten Verwirklichungsmöglichkeiten für die erforderlichen Teilfunktionen beträgt:

$$Z = n_{\text{Übertragung}} \cdot n_{\text{Verstärkung}} \cdot n_{\text{Konstanthaltung}} \cdot n_{\text{Backen}}$$
$$Z = 19 \cdot 19 \cdot 11 \cdot 3$$
$$Z = 11913$$

In dieser Zahl der theoretischen Kombinationsmöglichkeiten sind eine ganze Anzahl technisch unverträglicher und ungeeigneter Kombinationen enthalten.

Im Beispiel der Spannvorrichtung ist etwa die Kraftübertragung durch eine Welle nur sehr schwer und aufwendig mit einer Kraftkonstanthaltung durch ein Ventil und einer Kraftverstärkung durch einen Keil zu einer konstruktiven Einheit zu kombinieren.

Wenn nun auch, wie dieses Beispiel zeigt, eine größere Anzahl von theoretischen Kombinationsmöglichkeiten in der Praxis kaum auszuführen sind und daher von vornherein nicht weiterverfolgt werden müssen, so ist die Zahl der verbleibenden technisch geeigneten Kombinationsmöglichkeiten immer noch zu groß, um im weiteren Verlauf der Optimierung überschaubar zu bleiben.

Man muß daher in der Regel die Anzahl der zu vergleichenden Bauprinzipien weiter reduzieren. Dazu verhilft die folgende Überlegung.

Aus der Reihe der technisch guten Lösungsmöglichkeiten wird das Bauprinzip die optimale Lösung erwarten lassen, das mit dem geringsten wirtschaftlichen Aufwand die Herstellung ermöglicht. Eine kostengünstige Verwirklichung der Gesamtfunktion ist aber nur möglich, wenn die erforderlichen Teilfunktionen mit geringen Kosten verwirklicht werden können.

Man sollte daher die Verwirklichungsmöglichkeiten der Teilfunktionen zunächst einmal einem Kostenvergleich unterziehen. Dieser Kostenvergleich muß und kann zunächst nur ein relativer Vergleich sein; denn da in diesem Stadium der Konstruktionsarbeit ja noch keinerlei Ausführungsunterlagen vorliegen, ist eine exakte Kostenberechnung natürlich nicht möglich.

Trotzdem kann man vergleichend angeben, welche Verwirklichungsmöglichkeit für eine Teilfunktion relativ teuer bzw. relativ billig sein wird oder welche mittlere Kosten sie erwarten läßt.

Die Bewertung der Verwirklichungsmöglichkeiten der Teilfunktionen erfolgt also in der Regel nach den relativen Herstellkosten, andere bzw. mehrere Bewertungskriterien wird man nur in Sonderfällen wählen.

Nach der Wahl des Bewertungsgesichtspunktes ist eine geeignete *Bewertungsskala* zu wählen. Dabei gilt das Prinzip

> genaue Bewertung möglich   ⟶   feingestufte Skala
> nur Abschätzung möglich   ⟶   grobgestufte Skala

Wie die Notenskala aufgebaut ist, spielt im Prinzip keine Rolle. Ob also 0 oder 1 die beste und 6 oder 20 die schlechteste Bewertung darstellt oder auch umgekehrt, ist nicht so wichtig. Nur sollte man, zumindest innerhalb einer Aufgabe, beim gleichen Prinzip bleiben, also z. B. immer je schlechter die Bewertung, desto höher die Note.

Für die Bewertung der Verwirklichungsmöglichkeiten wird man meist eine grobgestufte Bewertungsskala wählen, da ja in der Regel nur ein abschätzender Vergleich möglich ist.

Bei der vergleichenden Bewertung empfiehlt es sich, folgendermaßen vorzugehen:

Man sucht zunächst die beste aus der Reihe der zu vergleichenden Möglichkeiten aus und gibt ihr eine gute Bewertungsnote. (Es muß nicht unbedingt die Bestnote sein, wenn man diese nicht für berechtigt hält).

Dann wird die schlechteste Lösung ausgesucht und ihr eine schlechte Bewertungsnote zugeteilt. (Auch die schlechteste Note muß nicht unbedingt vergeben werden).

Jetzt kann man die Möglichkeiten der Reihenfolge nach durchgehen und entsprechend dem durch die Extreme abgesteckten Rahmen einordnen und bewerten.

Aus Gründen der Zeitersparnis sollte man die festgelegten Bewertungsnoten direkt in die bereits vorhandene Aufstellung der Verwirklichungsmöglichkeiten eintragen.

In Abbildung 4.14 ist für die Bewertung der Verwirklichungsmöglichkeiten das Arbeitsprogramm angegeben. Der Kernpunkt dieses Programms, nämlich die eigentliche Bewertung, wurde in einem gesonderten Unterprogramm dargestellt, siehe dazu Abbildung 4.15. Bewertungen müssen im folgenden noch öfter vorgenommen werden, man braucht dann an der betreffenden Stelle nur dieses Unterprogramm einzuschieben.

Dieses Oberprogramm muß nacheinander bei jeder Teilfunktion auf die Aufstellung der Verwirklichungsmöglichkeiten angewendet werden.

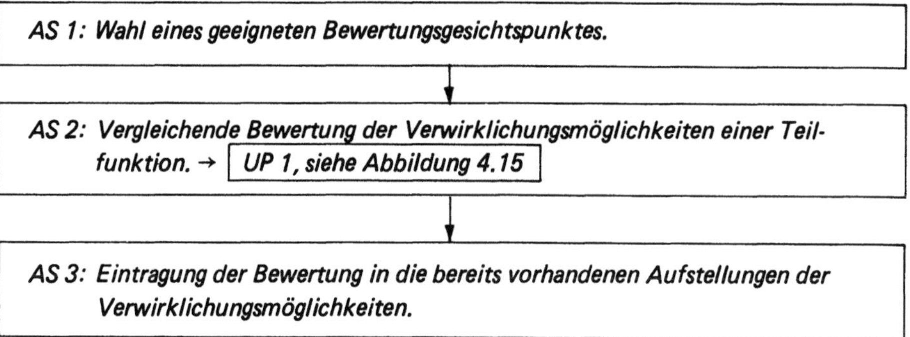

Abbildung 4.14. Oberprogramm 6: *Bewertung der Verwirklichungsmöglichkeiten.*

AS 1: *Wahl einer geeigneten Bewertungsskala unter besonderer Berücksichtigung der Genauigkeit, mit der die Bewertung durchgeführt werden kann.*

AS 2: *Angabe der zur Anwendung gelangenden Bewertungsskala mit ihren Noten und deren Bedeutungen.*

AS 3: *Vergleichende Bewertung.*

Empfehlenswerte Vorgehensweise:

Aus der Reihe der zu vergleichenden Möglichkeiten wird die beste ausgesucht und ihr eine gute Bewertungsnote zugeteilt.

Danach wird aus der Reihe der zu vergleichenden Möglichkeiten die schlechteste Lösung gesucht. Sie erhält eine schlechte Bewertungsnote.

Nun werden die zu vergleichenden Möglichkeiten der Reihe nach in den durch die Extreme abgesteckten Rahmen eingeordnet und entsprechend bewertet.

Abbildung 4.15. Unterprogramm 1: *Bewertung.*

→◻← Beispiel Spannvorrichtung

Bearbeitung an Hand des OP 6 und des UP 1

OP 6
AS 1:   Als Bewertungskriterium werden die Herstellungskosten herangezogen, denn sie werden bei der vorliegenden Aufgabe ganz wesentlich mit die optimale Lösung bestimmen.

Die technischen Eigenschaften werden später noch sehr stark durch die Kombinationen der Verwirklichungsmöglichkeiten der Teilfunktion zur Gesamtfunktion beeinflußt. Sie eignen sich für eine erste Bewertung weniger gut.

OP 6
AS 2:   UP 1
AS 1:   Da für die Verwirklichungsmöglichkeiten zunächst nur ein abschätzender Vergleich durchgeführt werden kann, wird eine grobgestufte Bewertungsskala gewählt, wie sie z. B. auch im schulischen Bereich üblich und daher allgemein bekannt ist.

UP 1
AS 2:   1 sehr gut
2 gut
3 befriedigend
4 ausreichend
5 mangelhaft
6 ungenügend

UP 1
AS 3:   Geht man die im Beispiel Spannvorrichtung im Abschnitt 4.5 erarbeitete Aufstellung der Verwirklichungsmöglichkeiten für die Kraftübertragung durch, ohne sich zunächst von den dort bereits eingetragenen Bewertungsnoten beeinflussen zu lassen, so wird man z. B. die Welle als eine Verwirklichungsmöglichkeit mit geringen Herstellkosten finden.

Entsprechend erkennt man im Zahnrad eine relativ teuere Lösung.

Setzt man nun z. B. für die Welle die Note 1 und für das Zahnrad die Note 5 fest, so kann man danach die Verwirklichungsmöglichkeiten für die Kraftübertragung von oben nach unten der Reihe nach durchgehen und jede einzelne Verwirklichungsmöglichkeit in dem durch die Extreme abgesteckten Rahmen einordnen und bewerten.

Entsprechend verfährt man auch mit den Verwirklichungsmöglichkeiten der drei anderen Teilfunktionen.

OP 6

AS 3:   Die so gefundenen Bewertungsnoten für alle erforderlichen Teilfunktionen sind in die Aufstellungen der Verwirklichungsmöglichkeiten des Beispiels Spannvorrichtung im Abschnitt 4.5 eingetragen.

Sollte der Leser in dem einen oder anderen Fall zu einer etwas abweichenden Bewertung gekommen sein, so ist dies bei Abweichungen um eine Note nach oben oder unten nicht weiter schlimm, da diese Möglichkeit in den folgenden Schritten berücksichtigt wird. Man soll zwar diese Bewertung prinzipiell so genau wie möglich vornhmen, aber da kleinere Abweichungen später berücksichtigt werden, lohnt es in Zweifelsfällen (besonders bei schlechten Benotungen) nicht, den Zeitaufwand zu groß werden zu lassen.

4.7. Aufstellung der Bauprinzipien

Nach der Bewertung der Verwirklichungsmöglichkeiten der verschiedenen Teilfunktionen kann man nun die Anzahl der Kombinationsmöglichkeiten weiter verkleinern, indem man bei den weiteren Arbeiten nur noch die gut bewerteten Verwirklichungsmöglichkeiten berücksichtigt.

Es wäre jedoch nicht richtig, für die Lösungskombinationen und die Aufstellung der Bauprinzipien für jede Teilfunktion nur die jeweils mit der besten Note bewerteten Verwirklichungsmöglichkeiten heranzuziehen. Denn zum ersten kann, wie schon gesagt wurde, die Bewertung in diesem Stadium so genau gar nicht vorgenommen werden, und zum zweiten muß sich aus der Kombination der besten Verwirklichungsmöglichkeiten der Teilfunktionen nicht zwangsläufig auch die optimale Lösung für die Gesamtfunktion ergeben.

Es ist daher zu empfehlen, für die weitere Bearbeitung für jede Teilfunktion, soweit vorhanden, mehrere gute Verwirklichungsmöglichkeiten zu berücksichtigen und sie der besseren Übersicht wegen in einem sogenannten morphologischen Kasten zusammenzustellen.

Ein *morphologischer Kasten,* wie ihn Abbildung 4.16 im schematischen Aufbau zeigt, stellt in Form einer (meist unvollständigen) Matrix die Teilfunktionen und die ausgewählten guten Verwirklichungsmöglichkeiten zusammen. Zweckmäßigerweise wird man dabei die Teilfunktionen entsprechend der Reihenfolge ihres Wirksamwerdens in der Funktionsstruktur aufführen und die zugehörigen Verwirklichungsmöglichkeiten jeweils nach ihren Bewertungsnoten ordnen.

Wählt man aus jeder Zeile des morphologischen Kastens (also für jede Teilfunktion) eine Verwirklichungsmöglichkeit aus und verbindet sie durch einen Linienzug, so stellt dieser Linienzug eine Kombination der verschiedenen Elemente zur Erfüllung der Gesamtfunktion dar.

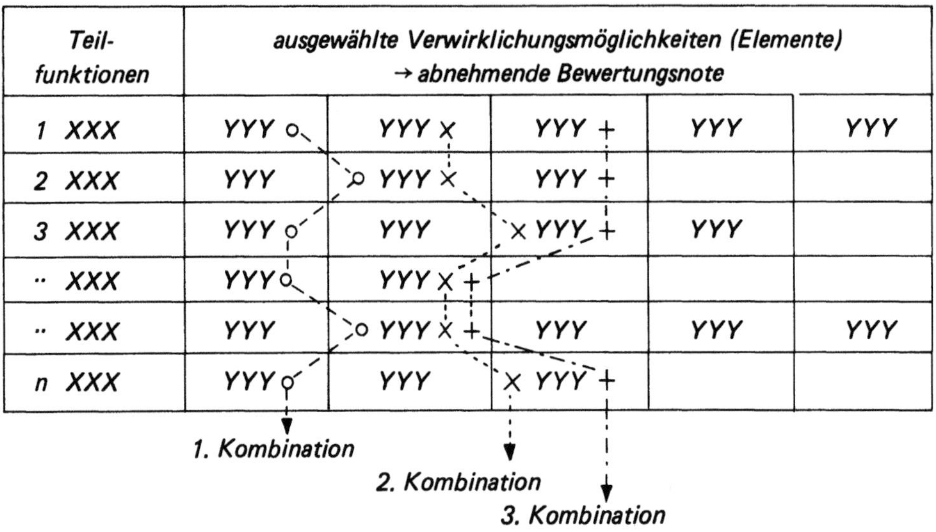

Teil-funktionen	ausgewählte Verwirklichungsmöglichkeiten (Elemente) → abnehmende Bewertungsnote				
1 XXX	YYY o	YYY x	YYY +	YYY	YYY
2 XXX	YYY	o YYY x	YYY +		
3 XXX	YYY o	YYY	x YYY +	YYY	
.. XXX	YYY o	YYY x +			
.. XXX	YYY	o YYY x +	YYY	YYY	YYY
n XXX	YYY o	YYY	x YYY +		

1. Kombination

2. Kombination

3. Kombination

Abbildung 4.16. Schema eines morphologischen Kastens.

Ist m die Anzahl der im morphologischen Kasten für eine bestimmte Teilfunktion angegebenen Verwirklichungsmöglichkeiten, so ergibt sich für die Anzahl der theoretisch im morphologischen Kasten aufgeführten Kombinationsmöglichkeiten

$$Z = m_1 \cdot m_2 \cdot m_3 \cdot \ldots \cdot m_n$$

In der Zahl dieser theoretischen Kombinationsmöglichkeiten sind meist mehrere, in denen sich die verschiedenen Verwirklichungsmöglichkeiten der Teilfunktion in der Praxis nur schwer, das heißt nur mit großem Aufwand, oder gar nicht miteinander kombinieren lassen. Solche ungeeigneten Lösungen sind natürlich für die weitere Arbeit uninteressant.

Der Konstrukteur muß also an Hand des morphologischen Kastens alle geeigneten *Kombinationsmöglichkeiten* aussuchen, in denen sich die Verwirklichungsmöglichkeiten der Teilfunktionen untereinander gut vertragen.

Nur für diese Kombinationsmöglichkeiten werden die Bauprinzipien aufgestellt.

Das *Bauprinzip* ist eine einfache schematische Skizze, die eine mögliche Anordnung der einzelnen Elemente zum Erreichen der Gesamtfunktion zeigt. Diese Skizze ist nocht keine detaillierte Zeichnung, der konstruktive Einzelheiten entnommen werden können.

Bei der Darstellung kann man sehr gut einfache Symbole und erläuternde Worte verbinden, so daß die Aufstellung eines Bauprinzips nach kurzer Einarbeitung nur wenige Minuten dauert. Man soll alle sinnvollen Kombinationsmöglichkeiten, die man findet, auch als Bauprinzip darstellen und der späteren Bewertung nicht vorgreifen, indem man auf die Darstellung von sinnvollen Kombinationsmöglichkeiten verzichtet.

Ergeben sich bei der Ausarbeitung eines Bauprinzips für ein wichtiges Detail verschiedene Lösungsmöglichkeiten, die für die später vorzunehmende Bewertung von entscheidender Bedeutung sein können, so kann man ein solches Problem als Teilprinzip untersuchen. Ein *Teilbauprinzip* wird ganz entsprechend wie ein normales Bauprinzip weiterbearbeitet, das heißt, die sich für ein Problem ergebenden Teilbauprinzipien werden vergleichend bewertet und verbessert und schließlich das beste ausgewählt.

Wenn die Auswertung des morphologischen Kastens und die Aufstellung der Bauprinzipien von einem Fachmann durchgeführt wurde und alle sinnvollen und kostengünstigen Lösungen enthält, findet man durch eine vergleichende Bewertung später auch die otpimale Lösung.

Abbildung 4.17 gibt das Arbeitsprogramm für das eben beschriebene Arbeitsgebiet an.

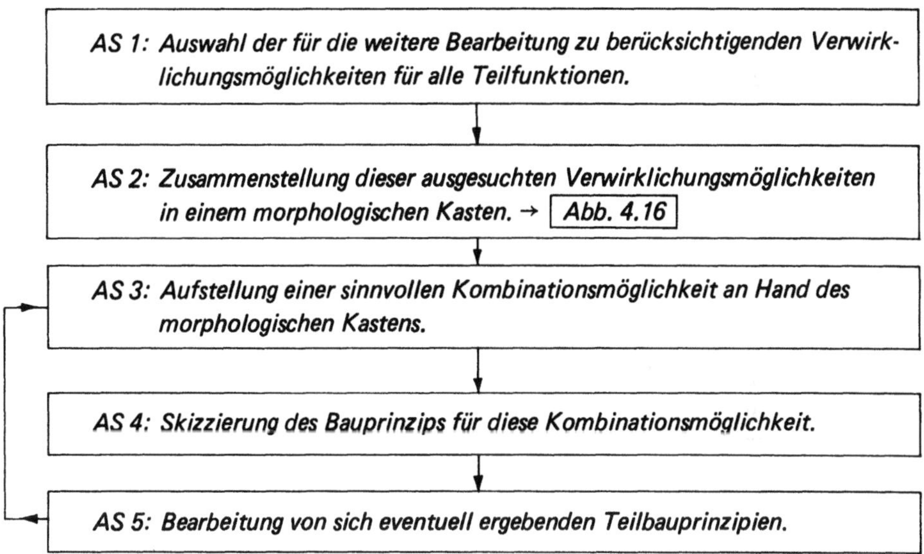

Abbildung 4.17. Oberprogramm 7: *Aufstellung der Bauprinzipien.*

→☐←Beispiel Spannvorrichtung

Bearbeitung an Hand des OP 7:

AS 1:   Um mit Sicherheit die optimale Lösung zu finden und bei der Bewertung eventuell aufgetretene kleinere Unsicherheiten zu berücksichtigen, werden alle Verwirklichungsmöglichkeiten berücksichtigt, die mindestens die Bewertungsnote 3 erhalten haben.

AS 2:   Der sich mit diesen Verwirklichungsmöglichkeiten ergebende morpho-
          logische Kasten ist in Tafel 4-8 wiedergegeben.

          Dieser morphologische Kasten enthält noch

          $$Z = 9 \cdot 7 \cdot 8 \cdot 1 = 504 \qquad \text{Kombinationsmöglichkeiten.}$$

AS 3:   Aus Tafel 4-8 kann man ersehen, daß für die Teilfunktion Anpreßbacken
          nur eine Verwirklichungsmöglichkeit den Anforderungen gerecht wird.
          Bei der Aufstellung der Kombinationsmöglichkeiten braucht diese Teil-
          funktion daher nicht jedesmal mit aufgeführt zu werden.

          Aus dem morphologischen Kasten in Tafel 4-8 kann man nun ableiten:

          1. Kombinationsmöglichkeit

              Kraftübertragung: Hebel
              Kraftverstärkung: Hebel
              Kraftkonstanthaltung: Gewicht

AS 4:   Das Bauprinzip 1 ist in Abbildung 4.18 skizziert.

AS 5:   Beim Bauprinzip 1 ergeben sich keine Teilbauprinzipien.

erneut   Aus dem morphologischen Kasten in Tafel 4-8 kann man nun weiter her-
AS 3:   ausfinden:

          2. Kombinationsmöglichkeit

              Kraftübertragung: Hebel
              Kraftverstärkung: Hebel
              Kraftkonstanthaltung: Kurvenscheibe

erneut
AS 4:   Das Bauprinzip 2 ist in Abbildung 4.18 skizziert.

erneut   Beim Bauprinzip 2 muß das um ca. 85 mm verschiebbare Lager A im Ab-
AS 5:   stand von je ca. 5 mm festgelegt werden können.

          Die verschiedenen Lösungsmöglichkeiten dieses Problems, die die Brauch-
          barkeit dieser Kombination ganz wesentlich mitbestimmen, werden als
          Teilbauprinzip untersucht.

          Teilbauprinzip 2, 1:

          Die Führungsstangen werden mit einer Verzahnung versehen. Das Lager
          A wird in die benötigte Stellung geschoben und dort eingerastet.

          Teilbauprinzip 2, 2:

          Das Lager A wird mittels einer Gewindespindel in die gewünschte Stel-
          lung gedreht und in dieser gehalten.

          Teilbauprinzip 2, 3:

          Das Lager A wird in die gewünschte Stellung geschoben und dort durch
          eine Klemmverbindung an der Führungsstange festgehalten.

          Teilbauprinzip 2, 4:

          Das Lager A wird in die gewünschte Stellung geschoben und klemmt sich
          dort beim Einspannen des Werkstücks infolge des Kippmomentes fest.

Teilbauprinzip 2, 5:

Das Lager A ist auf dem Grundgestell fest, aber die Kurvenscheibe ist in einem Schlitz verschiebbar und festzuschrauben.

Die günstigste Lösung dieses Teilproblems dürfte für die vorliegende Aufgabe beim Teilbauprinzip 2, 3 liegen. Eine Klemmverbindung ist nicht teuer und garantiert eine sichere Festlegung des Lagers A in jeder gewünschten Stellung.

Das Teilbauprinzip 2, 4 ist im vorliegenden Fall durch die bei der Werkstückbearbeitung zu erwartenden Schwingungen gefährdet, bei ruhender Belastung wäre es auch sehr gut.

wieder
AS 3
bis
AS 5:

Der Kürze halber werden die weiteren aus dem morphologischen Kasten abgeleiteten Kombinationen geschlossen aufgeführt.

3. Kombinationsmöglichkeit

Kraftübertragung:	Hebel
Kraftverstärkung:	Hebel
Kraftkonstanthaltung:	Feder

4. Kombinationsmöglichkeit

Kraftübertragung:	Hebel
Kraftverstärkung:	Hebel
Kraftkonstanthaltung:	Hebel

5. Kombinationsmöglichkeit

Kraftübertragung:	Hebel
Kraftverstärkung:	Keil
Kraftkonstanthaltung:	Reibung

6. Kombinationsmöglichkeit

Kraftübertragung:	Luft in Leitung
Kraftverstärkung:	pneumostatisch
Kraftkonstanthaltung:	Klappe

7. Kombinationsmöglichkeit

Kraftübertragung:	Flüssigkeit in Leitung
Kraftverstärkung:	hydrostatisch
Kraftkonstanthaltung:	Klappe

8. Kombinationsmöglichkeit

Kraftübertragung:	Seil
Kraftverstärkung:	Hebel
Kraftkonstanthaltung:	Gewicht

9. Kombinationsmöglichkeit

Kraftübertragung: Spindel
Kraftverstärkung: Schraubengetriebe
Kraftkonstanthaltung: Reibung

Weitere theoretisch mögliche Kombinationsmöglichkeiten lassen sofort erkennen, daß sie in der Ausführung sehr kompliziert und damit sehr teuer werden, so daß sie für die vorliegende Aufgabenstellung nie die optimale Lösung ergeben können. Auf ihre Darstellung wird daher verzichtet.

Die Bauprinzipien 3 bis 9 sind ebenfalls in der Abbildung 4.18 skizziert.

Bei den Bauprinzipien 3 und 4 muß das Lager A wie beim Bauprinzip 2 um ca. 85 mm verschiebbar und in jeder Stellung festlegbar sein. Als Lösung dieses Teilproblems wird auch in diesen Fällen das Teilbauprinzip 2, 3 gewählt.

Tafel 4-8. Morphologischer Kasten zum Beispiel Spannvorrichtung.

Teil-funktionen	Anpreßbacken	Kraft-konstanthaltung	Kraftverstärkung	Kraftübertragung
	Universalbacken	Reibkraft	Hebel	Welle bzw. Hebel
		Anschlag	Keil	Reibrad
		Gewicht	Kurvengetriebe	Luft in Leitung
		Kurvenscheibe	Schraubengetriebe	Flüssigkeit in Leitung
		Feder	Seiltrieb	Seil
		Raste	hydrostatische Verfahren	Riemen
		Hebel	pneumostatische Verfahren	Gestänge
		Klappe		Spindel
				Kette

Verwirklichungsmöglichkeiten (Elemente) zunehmende Herstellkosten

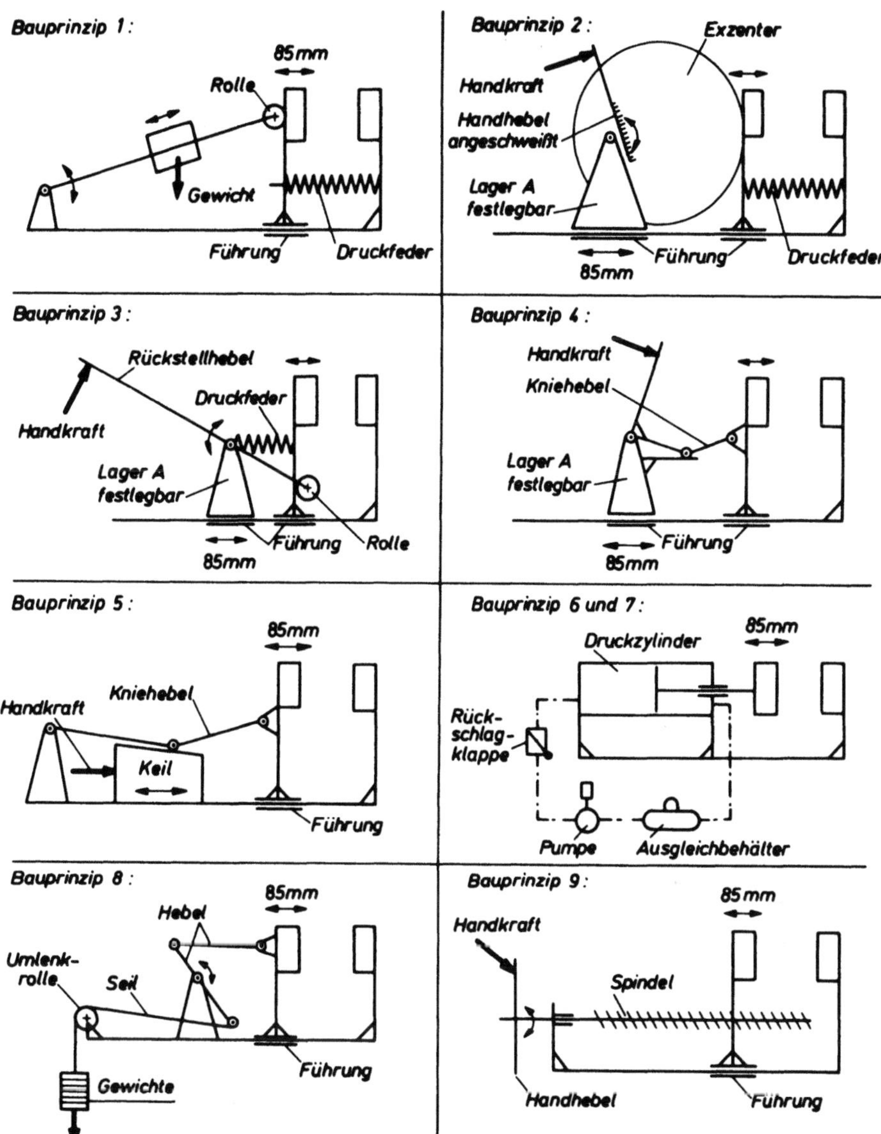

Abbildung 4.18. Bauprinzipien zum Beispiel *Spannvorrichtung.*

4.8. Bewertung der Bauprinzipien und Fehlerkritik

Obwohl im Zuge des methodischen Konstruierens mehrmals Bewertungen durchzuführen sind, müssen jeweils besondere Grundsätze beachtet werden, denn jede Bewertung richtet sich nach dem jeweiligen Stadium und dem Vollkommenheitsgrad der Konstruktion.

Gegenüber der Bewertung der Verwirklichungsmöglichkeiten der Teilfunktionen (vgl. Abschnitt 4.6) kann man jetzt, da bereits Bauprinzipien vorliegen, neben den Herstellungskosten auch die zu erwartenden technischen Eigenschaften vergleichen.

Diese für den Vergleich heranzuziehenden technischen Eigenschaften entnimmt man in erster Linie der Aufgabenstellung bzw. deren Gliederung. Die dort aufgeführten Mindestforderungen, Bereichsforderungen, Wünsche und Fernziele werden von den verschiedenen Bauprinzipien sicher unterschiedlich gut erfüllt, sie eignen sich also für eine vergleichende Bewertung. Festforderungen der Aufgabenstellung müssen von allen Lösungen voll erfüllt werden; in diesen Punkten können sich die verschiedenen Lösungen nicht unterscheiden. Daher sind Festforderungen für die vergleichende Bewertung nicht geeignet. Unterschiede zwischen den Bauprinzipien sind auch, z. B. bezüglich der Störanfälligkeit, der Betriebssicherheit und der Haltbarkeit, zu erwarten. Solche technische Eigenschaften eignen sich daher auch gut für eine vergleichende Bewertung.

Die untersuchten technischen Eigenschaften werden in der Regel in ihrer Bedeutung für eine Beurteilung recht unterschiedlich sein. Die Bedeutung bzw. die Wichtigkeit eines Bewertungsgesichtspunktes kann man durch einen Bewertungsfaktor berücksichtigen, der eine Gewichtung der Bewertungsnote ergibt.

Einen guten Vergleich des technischen Werts der verschiedenen Bauprinzipien kann man vornehmen, wenn man die Summe der gewichteten Bewertungsnoten für alle herangezogenen technischen Eigenschaften bildet. Eine Durchschnittsnote kann zwar gebildet werden, jedoch ist dies nicht erforderlich, da die Notensumme dieselbe Aussage macht.

Der Vergleich der Herstellkosten sollte zunächst unabhängig von den technischen Eigenschaften durchgeführt werden. Wenn man die Benotung der Herstellkosten neben der Notensumme für die technischen Eigenschaften betrachtet und nicht eine gemeinsame Endnote bildet, vermeidet man die meist äußerst schwierige richtige Gewichtung der Herstellkosten gegenüber der Summe der technischen Eigenschaften.

Da die Konstruktion mit dem Bauprinzip erst einen mittleren Grad der Vollkommenheit erreicht hat, muß der Umfang der für die Bewertung verwendeten Notenskala nocht nicht allzu groß sein.

Um einen guten und schnellen Überblick über die Bewertung zu ermöglichen, sollten alle Bewertungsnoten in einer Tabelle eingetragen werden. Tafel 4-9 zeigt das Schema einer solchen Bewertungstabelle.

Bei der Aufstellung der Bewertungsgesichtspunkte, bei der Festlegung der Bewertungsfaktoren und bei der Bewertung selbst, muß man sehr sorgfältig und so objektiv wie möglich vorgehen, denn die Bewertung ist einer der entscheidendsten Arbeitsschritte bei der Optimierung der Lösung. Durch die Wahl der Bewertungsgesichtspunkte, und insbesondere durch die Größe der Bewertungsfaktoren, wird nämlich gewissermaßen bereits festgelegt, welches Bauprinzip die beste Gesamtbewertung erhalten wird. Wählt man andere Bewertungsgesichtspunkte bzw. ändert ihre Bewertungsfaktoren, so ergibt sich oft ein ganz anderes Bauprinzip als optimale Lösung.

Tafel 4-9. Schema einer Bewertungstabelle.

Bewertungsgesichtspunkte	Bewertungsfaktor	Bauprinzipien					
		1	2	3			n
technische Eigenschaften							
technische Eigenschaften							
technische Eigenschaften							
Summe technische Bewertung	−						
Herstellkosten	−						

Da eine Gruppe von Fachleuten aus den verschiedenen an der Konstruktion, der Fertigung und dem Vertrieb beteiligten Bereichen des Betriebes eine objektivere und genauere Bewertung vornehmen kann als der einzelne Konstrukteur, sollten nach Möglichkeit alle mit einer entscheidenden Bewertung in Zusammenhang stehenden Fragen von einer solchen Arbeitsgruppe behandelt werden.

Durch die Bewertung sind die Vor- und Nachteile der einzelnen Bauprinzipien klar zu Tage getreten. Es wäre jedoch verfrüht, jetzt schon die optimale Lösung aussuchen zu wollen, denn bei der Skizzierung, und diese Skizze bildet ja die Grundlage der Bewertung, wurde in der Regel nur schematisch *eine* mögliche Anordnung der einzelnen Elemente zum Erreichen der Gesamtfunktion dargestellt. Oft sind mit den gleichen Elementen aber auch noch andere Anordnungen möglich, die vielleicht eine bessere Bewertung erhalten hätten.

Man muß daher nun versuchen, gezielt die Schwachstellen der einzelnen Bauprinzipien zu beseitigen, um sie so weiter zu verbessern.

Wenn man mehrere Lösungen gefunden hat, ergeben sich oft recht große Unterschiede bei der Bewertung. Ein Bauprinzip, das bei der Bewertung sehr schlecht abgeschnitten hat, wird auch nach gezielten Verbesserungen kaum mit den guten Lösungen konkurrieren können, denn diese können ja meist auch noch weiter verbessert werden.

Für die *Fehlerkritik* und die Verbesserung der Bauprinzipien wird man in der Regel also nur die Bauprinzipien heranziehen, die bei den geringsten Herstellkosten die besten technischen Bewertungen erhielten. Die Lösungen mit schlechten Bewertungen werden nicht weiterbearbeitet, da aus ihrem Kreis die optimale Lösung nicht zu erwarten ist.

In der Fehlerkritik werden alle erkennbaren Mängel und Schwachstellen der ansonsten guten Bauprinzipien dargelegt, damit im folgenden Arbeitsgebiet versucht werden kann, diese Mängel zu beheben, um die Bauprinzipien weiter zu verbessern.

Die Abbildung 4.19 zeigt das Arbeitsprogramm für dieses äußerst wichtige Arbeitsgebiet der Bewertung und der Fehlerkritik.

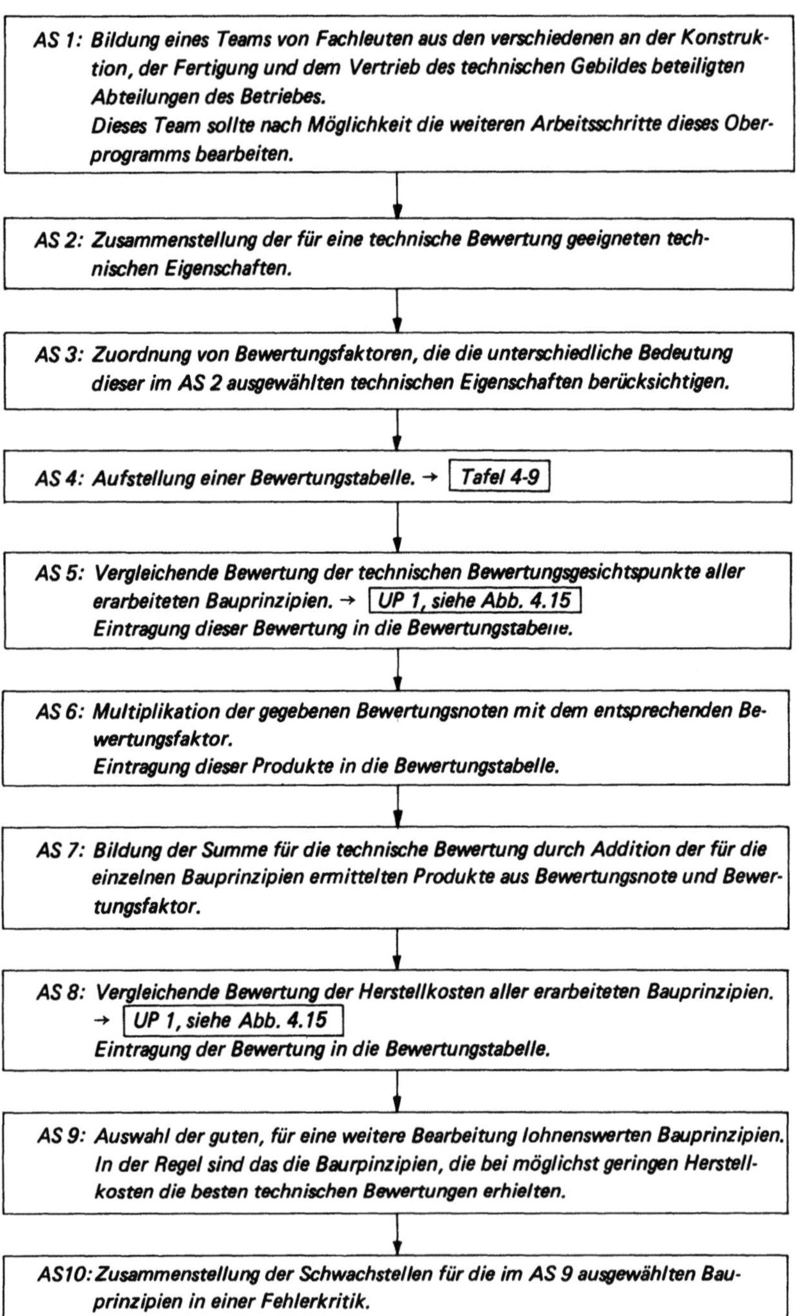

Abbildung 4.19. Oberprogramm 8: *Bewertung der Bauprinzipien und Fehlerkritik.*

→☐← Beispiel Spannvorrichtung

Bearbeitung an Hand des OP 8:

AS 1:   Teambildung nicht möglich. Der Bearbeiter muß sich um größtmögliche Objektivität bemühen.

AS 2:   Die für die technische Bewertung geeigneten technischen Eigenschaften, die man der Aufgabenstellung entnehmen kann, sind in der Bewertungstabelle eingetragen. Siehe Tafel 4-10.

AS 3:   Den ausgewählten technischen Bewertungsgesichtspunkten wurden die in der Bewertungstabelle eingetragenen Bewertungsfaktoren zugeordnet. Siehe Tafel 4-10.

AS 4:   Die Bewertungstabelle ist in Tafel 4-10 gegeben.

AS 5:   Zur vergleichenden Bewertung wird das Unterprogramm UP 1 herangezogen.

UP 1 – AS 1:   Da der Vollkommenheitsgrad der Bauprinzipien noch nicht sehr groß ist, genügt eine grobgestufte Bewertungsskala. Gewählt wird wieder die im schulischen Bereich übliche und allgemeinbekannte Notenskala.

UP 1 – AS 2:   1   sehr gut
2   gut
3   befriedigend
4   ausreichend
5   mangelhaft
6   ungenügend

UP 1 – AS 3:   Bezüglich der Dauer des Spannvorgangs liegt sicher die Pneumatik, das Bauprinzip 6, am günstigsten. Es enthält daher die Note 1.

Die relativ längste Spannzeit ist bei Bauprinzip 8 zu erwarten. Da das Auflegen der Gewichte jedoch auch nicht zu lange dauert, wird hierfür die Note 4 vorgesehen.

Die anderen Bauprinzipien können nun leicht zwischen diesen Extremen eingestuft werden, man braucht sich ja immer nur den jeweiligen Spannvorgang vorzustellen.

Die Bewertungsnoten werden in der Bewertungstabelle, siehe Tafel 4-10, im Bewertungsfeld des jeweiligen Bauprinzips oben links klein eingetragen.

Ganz entsprechend verfährt man mit der Bewertung und der Noteneintragung bei den anderen technischen Eigenschaften.

AS 6:   Die Produkte aus der Bewertungsnote und dem zugehörigen Bewertungsfaktor werden in der Bewertungstabelle, siehe Tafel 4-10, im jeweiligen Bewertungsfeld unten rechts groß eingetragen.

AS 7: Für die einzelnen Bauprinzipien werden die groß in den Bewertungsfeldern eingetragenen gewichteten Noten (Produkte aus Bewertungsnote und Bewertungsfaktor), siehe Tafel 4-10, summiert und in die Zeile für die Summe der technischen Bewertung eingetragen.

AS 8: Zur vergleichenden Bewertung der Herstellkosten wird das Unterprogramm UP 1 herangezogen.

UP 1 − AS 1: Da eine genaue Kostenermittlung an Hand der Bauprinzipien nicht möglich ist, kann nur eine grobe vergleichende Schätzung vorgenommen werden. Dafür reicht eine grob gestufte Notenskala.

Da es nicht sinnvoll ist, innerhalb eines Arbeitsgebietes und derselben Bewertungstabelle verschiedene Notenskalen zu verwenden, wird auch hier die bereits im AS 5 gewählte Notenskala herangezogen.

UP 1 − AS 2: Siehe AS 5.

UP 1 − AS 3: Bezüglich der Herstellkosten scheint das Bauprinzip 3 am günstigsten zu liegen, da in ihm nur wenige und einfache Elemente verwendet werden. Da die Herstellkosten, so wie das Bauprinzip jetzt skizziert ist, aber sicher nicht das mögliche Minimum betragen, wird nur die Note 3 vorgeschlagen.

Die teuerste Ausführung ist sicher die Pneumatik, also Bauprinzip 6. Es erhält die Bewertungsnote 5.

Zwischen diesen Extremen werden nun die anderen Lösungsmöglichkeiten eingeordnet und bewertet.

Die festgelegten Noten für die Herstellkosten werden in der entsprechenden Zeile der Bewertungstabelle in Tafel 4-10 eingetragen.

AS 9: Für die weitere Bearbeitung werden nur die kostengünstigen Lösungen gewählt, da die Herstellkosten in der vorliegenden Aufgabenstellung für die Optimierung die entscheidendste Rolle spielen.

Die weitere Bearbeitung beschränkt sich also auf die Bauprinzipien 2, 3, 4 und 9.

Interessant ist an diesem Beispiel, daß die technisch besten Lösungen eindeutig bei der Hydraulik und Pneumatik liegen, diese Lösungen aber leider auch mit zu den teuersten gehören.

AS 10: Als Schwachstellen werden in der folgenden Fehlerkritik alle Bewertungsgesichtspunkte angesehen, die nicht mindestens mit gut benotet wurden.

Der Fehlerkritik werden nur die 4 im AS 9 ausgewählten Bauprinzipien unterzogen.

Schwachstellen beim Bauprinzip 2:
Zeit für die Änderung der Spannlänge,
Größe der Vorrichtung,
Bedienungskomfort,
Anpassungsmöglichkeit der Spannkraft,
Kontrollmöglichkeit der Spannkraft,
automatische Bedienung,
Verschleiß,
Herstellkosten.

Schwachstellen beim Bauprinzip 3:
Zeit für die Änderung der Spannlänge,
Größe der Vorrichtung,
Anpassungsmöglichkeit der Spannkraft,
automatische Bedienung,
Herstellkosten.

Schwachstellen beim Bauprinzip 4:
Zeit für die Änderung der Spannlänge,
Größe der Vorrichtung,
Bedienungskomfort,
Anpassungsmöglichkeit der Spannkraft,
Kontrollmöglichkeit der Spannkraft,
automatische Bedienung,
Herstellkosten.

Schwachstellen beim Bauprinzip 9:
Dauer des Spannvorgangs,
Zeit für die Änderung der Spannlänge,
Bedienungskomfort,
Kontrollmöglichkeit der Spannkraft,
automatische Bedienung,
Herstellkosten.

Tafel 4-10. Bewertungstabelle zum Beispiel Spannvorrichtung.

Bewertungsgesichtspunkte	Bewertungsfaktor	Bauprinzipien								
		1	2	3	4	5	6	7	8	9
Dauer des Spannvorganges	1	2 / 2	2 / 2	2 / 2	2 / 2	3 / 3	1 / 1	1 / 1	4 / 4	3 / 3
Zeit für die Änderung von minimaler auf maximale Spannlänge	2	2 / 4	3 / 6	3 / 6	3 / 6	2 / 4	1 / 2	1 / 2	2 / 4	5 / 10
Größe der Vorrichtung	2	6 / 12	3 / 6	3 / 6	3 / 6	6 / 12	2 / 4	2 / 4	6 / 12	2 / 4
Bedienungskomfort	1	3 / 3	3 / 3	2 / 2	4 / 4	5 / 5	1 / 1	1 / 1	5 / 5	4 / 4
Anpassungsmöglichkeit der Spannkraft	2	3 / 6	3 / 6	3 / 6	5 / 10	4 / 8	2 / 4	2 / 4	2 / 4	2 / 4
Kontrollmöglichkeit der Spannkraft	1	3 / 3	3 / 3	1 / 1	3 / 3	3 / 3	1 / 1	1 / 1	1 / 1	3 / 3
Möglichkeit automatischer Bedienung	1	5 / 5	5 / 5	4 / 4	5 / 5	5 / 5	1 / 1	1 / 1	4 / 4	5 / 5
Verschleiß	3	2 / 6	3 / 9	2 / 6	2 / 6	4 / 12	4 / 12	3 / 9	2 / 6	2 / 6
Summe der technischen Bewertung	–	41	40	33	42	52	26	23	40	39
Herstellkosten	–	4	3	3	3	4	5	5	5	3

4.9. Verbesserung der Bauprinzipien

Die Fehlerkritik zeigt deutlich, in welchen Punkten die ausgesuchten besten Bauprinzipien noch verbessert werden könnten. Der nächste Arbeitsschritt besteht also darin, die ausgesuchten Bauprinzipien eins nach dem anderen erneut zu bearbeiten mit dem Ziel, durch entsprechende Änderungen die aufgezeigten Schwachstellen möglichst zu beseitigen.

Dabei muß jedoch unbedingt darauf geachtet werden, daß das Hauptkriterium, das für die erste Auswahl bestimmend war, also in der Regel im normalen Maschinenbau die Herstellungskosten, bei der Beseitungung der Mängel nicht negativ beeinflußt wird und daß nicht bei der Beseitigung einer Schwachstelle eine neue Schwachstelle entsteht.

Wie bereits in Abschnitt 3.11 angesprochen, ist es oft kein großes Problem, ein technisches Gebilde bis zur höchsten Vollkommenheit durchzukonstruieren. Da sich jedoch, wie in Abb. 3.4 dargestellt, der Gebrauchswert eines technischen Gebildes mit zunehmenden Vollendungsgrad nur asymptotisch seinem Höchstwert nähert, während die Kosten für die Konstruktionsarbeit und die Herstellung stark progressiv ansteigen, besteht das Problem darin, mit möglichst geringen Kosten einen möglichst hohen Gebrauchswert zu erreichen.

Im Rahmen des normalen Maschinenbaus kann es daher nicht das Ziel sein, bei der Verbesserung der Bauprinzipien ohne Rücksicht auf die Kosten ein Bauprinzip in allen technischen Eigenschaften bis zur Vollendung zu bringen, sondern das Ziel ist, das Bauprinzip so zu verbessern, daß es bei möglichst geringen Kosten keine offensichtlichen Mängel mehr aufweist.

Die unter diesen Gesichtspunkten verbesserten Bauprinzipien, für die natürlich neue Skizzen zu erstellen sind, müssen nun einer erneuten Bewertung unterzogen werden, um die optimale Lösung festlegen zu können. Für diese Bewertung werden dieselben Bewertungsgesichtspunkte, dieselben Bewertungsfaktoren und dieselbe Notenskala verwendet, wie sie im vorhergehenden Arbeitsgebiet bereits angewandt wurden.

Auf Grund dieser Bewertung kann man dann das optimale Bauprinzip bestimmen, das der weiteren Bearbeitung, insbesondere dem Entwurf, zugrunde gelegt wird.

In Abbildung 4.20 ist das Arbeitsprogramm für die Verbesserung der Bauprinzipien angegeben.

Mit dieser Verbesserung der Bauprinzipien ist die Kombinationsphase und auch das Konzipieren abgeschlossen, und die eigentliche Entwurfsarbeit beginnt. Damit kommt man wieder zu Arbeitsgebieten, die dem Konstrukteur von jeher vertraut und schon immer ein Schwerpunkt seiner Arbeit waren.

AS 1: Neue Bearbeitung und Skizzierung der entsprechend OP 8-AS 9 ausgewählten Bauprinzipien mit dem Ziel, die nach OP 8-AS 10 aufgezeigten Schwachstellen zu beseitigen.
Bei dieser Verbesserung dürfen sich die Herstellkosten nicht (nennenswert) erhöhen.

AS 2: Vergleichende Bewertung der verbesserten Bauprinzipien nach denselben Gesichtspunkten, wie sie bei der Bearbeitung von OP 8-AS 2 und AS 3 aufgestellt wurden.
Arbeitsablauf entsprechend OP 8-AS 4 bis AS 8.

AS 3: Auswahl des optimalen Bauprinzips für die eigentliche Entwurfsarbeit.

Abbildung 4.20. Oberprogramm 9: *Verbesserung der Bauprinzipien.*

→☐← Beispiel Spannvorrichtung

Bearbeitung an Hand des OP 9:

AS 1:   Die 4 ausgewählten Bauprinzipien werden untersucht, inwieweit ohne
        eine nennenswerte Erhöhung der Herstellkosten, wenn möglich sogar bei
        einer Verringerung der Herstellkosten, die technischen Schwachstellen be-
        seitigt werden können.

        Mögliche Verbesserungen, die mit einer nennenswerten Erhöhung der
        Herstellkosten verbunden sind, werden nicht berücksichtigt.

        Die verbesserten Bauprinzipien sind in der Abbildung 4.21 skizziert.
        Durch zum Teil nur geringe Änderung konnten verschiedene Mängel be-
        seitigt werden.

        Bei Bauprinzip 2 verbesserte Schwachstellen:

        Zeit für die Änderung der Spannlänge,
        Größe der Vorrichtung,
        Bedienungskomfort.

        Bei Bauprinzip 3 verbesserte Schwachstellen:

        Zeit für die Änderung der Spannlänge,
        Größe der Vorrichtung,
        Anpassungsmöglichkeit der Spannkraft.

        Bei Bauprinzip 4 verbesserte Schwachstellen:

        Zeit für die Änderung der Spannlänge,
        Größe der Vorrichtung,
        Bedienungskomfort.

        Bei Bauprinzip 9 verbesserte Schwachstellen:

        Dauer des Spannvorgangs,
        Zeit für die Änderung der Spannlänge,
        Bedienungskomfort.

AS 2:   Die neue Bewertungstabelle in Tafel 4-11 hat den gleichen Aufbau und
        enthält dieselben Bewertungsgesichtspunkte und -faktoren wie die Tabelle
        der ersten Bewertung im OP 8.

        Für die verbesserten Schwachstellen werden neue Bewertungen durchge-
        führt (die geänderten Bewertungsfelder sind mit einem Schrägstrich ge-
        kennzeichnet), für die unveränderten Gesichtspunkte werden die alten Be-
        wertungen übernommen.

        Für die Summe der technischen Bewertung ergeben sich neue, bessere
        Werte.

        Bei den Herstellkosten sind keine wesentlichen Änderungen zu erwarten,
        so daß es zunächst bei den alten Noten bleibt.

AS 3: Bevor das optimale Bauprinzip festgelegt wird, ist es ratsam, die Herstellkosten nochmals etwas genauer als bisher zu vergleichen.

Da das Grundgestell mit der Führung und die beiden Spannbacken bei den 4 Bauprinzipien etwa die gleichen Herstellkosten erfordern, können diese Teile für die folgende Überlegung unberücksichtigt bleiben.

Für die verbleibenden Teile ergibt sich die folgende grobe Abschätzung der Herstellkosten.

	geschätzte Kosten
Bauprinzip 2:	
1 leichte Zugfeder	gering
1 Exzenterscheibe	hoch
1 aufsteckbarer Handhebel	mittel
1 Lager	gering
Bauprinzip 3:	
1 starke Druckfeder	mittel
1 einfacher Hebel	gering
1 Gelenk	gering
1 Rolle	gering
Bauprinzip 4:	
1 Winkelhebel	mittel
1 Kniehebel	gering
3 Gelenke	gering (3 X)
Bauprinzip 9:	
1 Gewindespindel	hoch
1 aufsteckbare Handkurbel	mittel
1 Gewindebuchse	mittel
1 Lager	gering

Nach dieser Schätzung dürften die Herstellkosten für das Bauprinzip 3 am niedrigsten sein, dann folgen der Reihe nach die Bauprinzipien 4, 2 und 9.

Da für das Bauprinzip 3 die geringsten Herstellkosten zu erwarten sind und auch die technische Bewertung recht gut ausfällt, — außer der Möglichkeit zu automatischer Bedienung hat es keine Schwachstellen mehr —, ist das Bauprinzip 3 als das optimale Bauprinzip anzusehen.

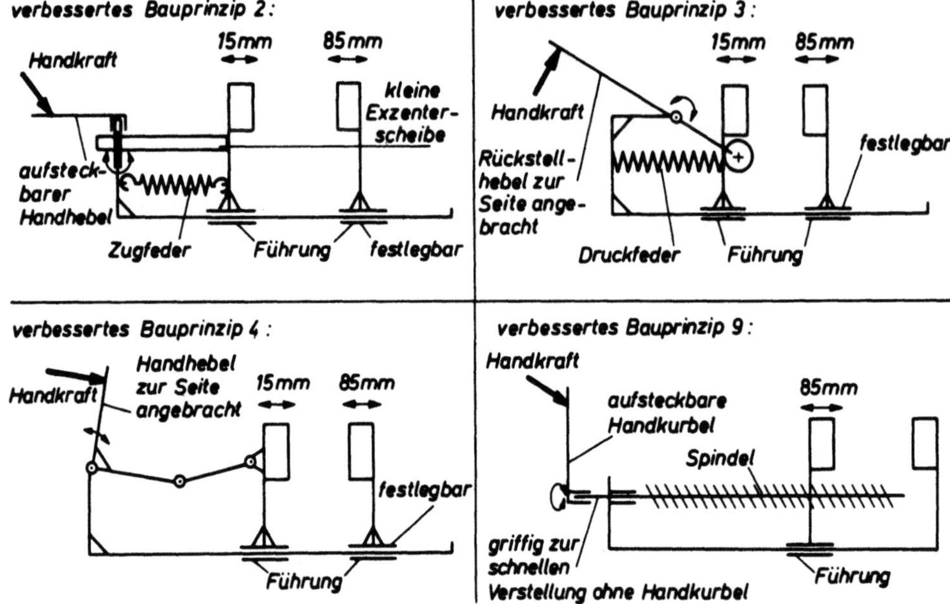

Abbildung 4.21. Verbesserte Bauprinzipien zum Beispiel *Spannvorrichtung.*

Tafel 4-11

Bewertungstabelle der verbesserten Bauprinzipien z. B. *Spannvorrichtung.*

Bewertungsgesichtspunkte	Bewertungsfaktor	Bauprinzipien 2	3	4	9
Dauer des Spannvorganges	1	2 / 2	2 / 2	2 / 2	2 / 2
Zeit für die Änderung von minimaler auf maximale Spannlänge	2	2 / 4	2 / 4	2 / 4	4 / 8
Größe der Vorrichtung	2	2 / 4	2 / 4	2 / 4	2 / 4
Bedienungskomfort	1	2 / 2	2 / 2	3 / 3	3 / 3
Anpassungsmöglichkeit der Spannkraft	2	3 / 6	2 / 4	5 / 10	2 / 4
Komtrollmöglichkeit der Spannkraft	1	3 / 3	1 / 1	3 / 3	3 / 3
automatische Bedienung	1	5 / 5	4 / 4	5 / 5	5 / 5
Verschleiß	3	3 / 9	2 / 6	2 / 6	2 / 6
Summe der technischen Bewertung	–	35	27	37	35
Herstellkosten	–	3	3	3	3

4.10. Erstellung maßstäblicher Entwürfe

Vor Beginn der Entwurfsarbeit ist ein nochmaliges Studium der Aufgabenstellung und
der endgültigen Gliederung zu empfehlen, um alle Forderungen, Wünsche und Ziele, die
für Entwurf und Berechnung wichtig sind, wieder ins Gedächtnis zurückzuholen.

Weiterhin sollte man sich, falls erforderlich nochmals mit dem Stand der Technik befassen und zwar gezielt auf das optimale Bauprinzip ausgerichtet. Wenn nötig, müssen
durch ein vertiefendes Studium der Fachliteratur die Voraussetzungen für die nötige
rechnerische Bearbeitung der Entwürfe geschaffen werden.

Zum Erstellen *maßstäblicher Entwürfe* müssen die Abmessungen aller wesentlichen Teile,
insbesondere derjenigen, die nennenswerten Belastungen ausgesetzt sind, vorliegen. Soweit diese Abmessungen nicht bereits der Aufgabenstellung zu entnehmen sind oder
durch eine Überschlagsrechnung im Rahmen der Aufstellung der Verwirklichungsmöglichkeiten ermittelt wurden, müssen sie jetzt festgelegt werden. Diese Dimensionierung
der Hauptabmessungen erfolgt oft an Hand von Richt- und Erfahrungswerten, besonders
dann, wenn eine genaue Berechnung in diesem Anfangsstadium der eigentlichen Entwurfsarbeit noch nicht möglich ist.

Voraussetzung für die Abmessungen ist immer, daß die im technischen Gebilde auftretenden Beanspruchungen bekannt sind. Ihre Berechnung muß also an erster Stelle erfolgen; manchmal nimmt sie mehr Zeit in Anspruch als die übrige Entwurfsarbeit.

Die Kenntnis der benötigten Hauptabmessungen des technischen Gebildes sind daher von
so großer Bedeutung, da von jetzt an immer maßstäblich (wenn möglich im Maßstab 1:1)
entworfen werden muß; denn häufig werden die Entwurfsmöglichkeiten für die Details
oder das gesamte technische Gebilde ganz entscheidend durch die Abmessungen beeinflußt.

Im Abschnitt 3.3 wurde schon eingehend auf die Wichtigkeit eines abgewogenen Neben-
einanders von Rechnung und zeichnerischem Entwurf hingewiesen, das dort Gesagte sei
hier nochmals nachdrücklich unterstrichen.

Die *Entwurfsskizzen* müssen zwar maßstäblich sein, sie sind jedoch noch keine technischen
Zeichnungen. Bei der Erstellung technischer Zeichnungen und anderer technischer Unterlagen ist man streng an die betreffenden Normen gebunden, in den Entwurfsskizzen hat
man weitgehendst zeichnerische Freiheit. Die Skizzen müssen nur verständlich und eindeutig bleiben.

Die Entwurfsskizzen zeigen deutlich die wesentlichen Formen und Anordnungen der
einzelnen Elemente bzw. Teile und ihr Zusammenwirken zum Erzielen der Gesamtfunktion. In diesen Skizzen müssen die Details jedoch nocht nicht bis in die letzten Feinheiten
ausgearbeitet sein, dies ist erst die Aufgabe der gestalterischen Durcharbeitung, die später
folgt.

Je mehr Teilfunktionen zum Erzielen der Gesamtfunktion zusammenwirken müssen,
desto umfangreicher wird das technische Gebilde in der Regel auch werden und desto
größer auch der konstruktive Aufwand.

Umfangreiche technische Gebilde kann man aber in der Regel in zahlreiche *konstruktive
Details* zerlegen.

Um bei umfangreicheren technischen Gebilden den Überblick nicht zu verlieren, empfiehlt es sich, an Hand des endgültigen Bauprinzips die wichtigsten konstruktiven Details zu ermitteln und für diese zunächst getrennt (aber immer mit Blick auf die Gesamtkonstruktion) die Entwurfsmöglichkeiten zu untersuchen und in Entwurfsskizzen festzuhalten.

Wichtig: Auch bei der Bearbeitung der Details immer die Gesamtkonstruktion im Auge behalten.

Das Arbeitsprogramm für die Erstellung maßstäblicher Entwürfe ist in Abbildung 4.22 wiedergegeben.

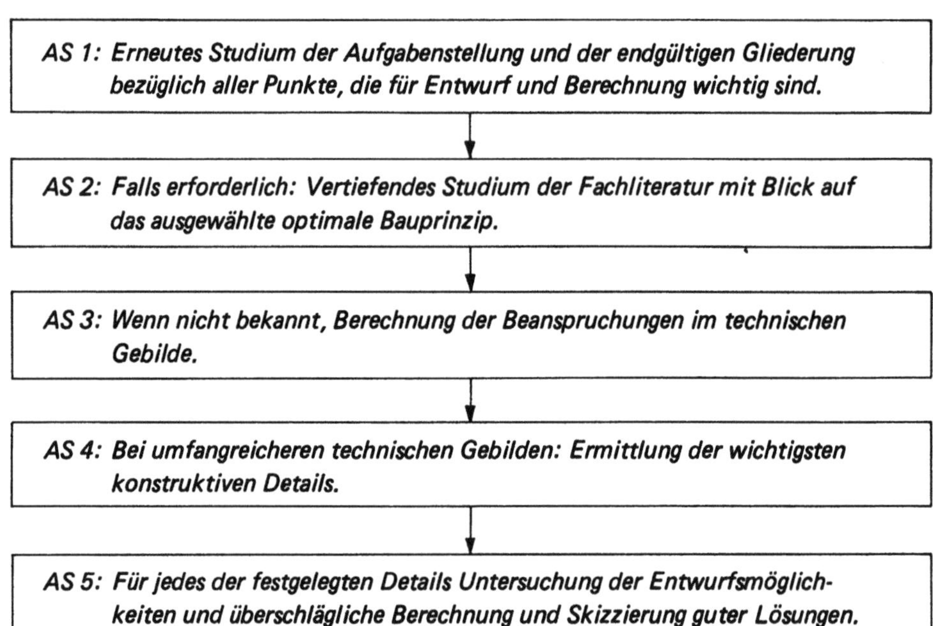

Abbildung 4.22. Oberprogramm 10: *Erstellen maßstäblicher Entwürfe.*

→▭← Beispiel Spannvorrichtung

Bearbeitung an Hand des OP 10:

AS 1:   Zur Information werden die in OP 1 aufgestellte Anforderungsliste mit den Antworten und die endgültige Gliederung nochmals durchgearbeitet.

AS 2:   Hier nicht erforderlich, da es sich um die übliche Festigkeitsrechnung handelt.

AS 3:   Spannkraft in Aufgabenstellung gegeben.

> AS 4:   Wichtige konstruktive Details:
>
> Führung der Anpreßbacken,
> Anpreßbacken,
> Klemmverbindung an der Einstellbacke,
> Druckfeder,
> Rückstellhebel,
> Grundgestell mit Befestigung am Tisch.
>
> AS 5:   Da jetzt das methodische Konstruieren wieder in die Bahnen der herkömm-
> lichen, als bekannt vorauszusetzenden Konstruktionsarbeit einschwenkt und
> ein weiteres Durchziehen des Beispiels im Rahmen dieses Buches nicht
> möglich ist, muß auf eine weitere Behandlung dieses Beispiels verzichtet
> werden.
>
> Dem Leser wird es an Hand der Programme aber nicht schwerfallen, den
> Entwurf fortzusetzen.

4.11. Bewertung und Fehlerkritik der Entwürfe

Wenn man für die ausgesuchten konstruktiven Details unter Berücksichtigung des Zusammenwirkens in der Gesamtkonstruktion maßstabsgetreue Entwürfe erstellt hat, so muß man, wenn man für ein konstruktives Detail mehr als eine Lösung gefunden hat (was in der Regel der Fall sein wird), diese verschiedenen Entwürfe desselben Details einer vergleichenden Bewertung unterziehen, um die Lösung angeben zu können, die im Gesamtentwurf verwendet werden soll.

Für die Bewertung der Detailentwürfe und deren Fehlerkritik gilt, was das Allgemeine anbelangt, das im Abschnitt 4.8 für die Bauprinzipien ausführlich Erläuterte.

So wird man wiederum nach sinnvollen technischen Eigenschaften suchen, die für eine vergleichende Bewertung der verschiedenen Entwürfe eines konstruktiven Details geeignet sind. Die für die Bewertung der Bauprinzipien zusammengestellten technischen Bewertungsgesichtspunkte sind oft für einen Vergleich der verschiedenen Entwürfe eines Details nicht geeignet, weil keine Unterschiede in der Bewertung zu erwarten sind. Daher wird man sich besonders auf Gebrauchs- bzw. Betriebseigenschaften stützen und sollte unbedingt immer die Frage berücksichtigen, wie sich der Detailentwurf eine Gesamtkonstruktion eingliedern läßt. Die unterschiedliche Bedeutung der einzelnen technischen Bewertungsgesichtspunkte kann auch hier wieder durch Bewertungsfaktoren berücksichtigt werden.

Oft wird es schon genügen, die Entscheidung für einen bestimmten Detailentwurf nur auf Grund der Eingliederungsmöglichkeit in die Gesamtkonstruktion und der jetzt immer mehr an Bedeutung gelangenden Herstellkosten zu fällen.

Beim Vergleich der Herstellkosten kann man jetzt schon etwas mehr ins Einzelne gehen, da die vorliegenden maßstabsgetreuen Entwurfsskizzen bereits eine wesentlich bessere Kostenschätzung erlauben als die Skizzen der Bauprinzipien.

So kann man jetzt bereits in der Regel eine ziemlich genaue Abschätzung der Kosten nach dem in Abbildung 4.23 angegebenen Schema vornehmen.

Dabei versteht man in diesem Schema unter den Kosten für das Fertigungsmaterial die Kosten, die für das zur Fertigung benötigte Rohmaterial bzw. die Halbzeuge anfallen.

Die Materialgemeinkosten berücksichtigen die Kosten, die z. B. durch die Bestellung, den Transport, die Lagerung und die Prüfung des Fertigungsmaterials entstehen. Sie werden in der Regel nach Erfahrungswerten als Prozentsatz auf die Kosten für das Fertigungsmaterial bezogen.

Die Fertigungslöhne ergeben sich aus den für die Fertigung zu erwartenden Grund- und Verteilzeiten sowie den entsprechenden Lohnsätzen.

<table>
<tr><td>1. Kosten für das Fertigungsmaterial</td><td>. . . . .</td></tr>
<tr><td>2. Materialgemeinkosten</td><td>. . . . .</td></tr>
<tr><td>Materialkosten:</td><td>Summe aus 1. und 2.</td></tr>
<tr><td>3. Fertigungslöhne</td><td>. . . . .</td></tr>
<tr><td>4. Fertigungsgemeinkosten</td><td>. . . . .</td></tr>
<tr><td>5. Fertigungssonderkosten</td><td>. . . . .</td></tr>
<tr><td>Fertigungskosten:</td><td>Summe aus 3. bis 5.</td></tr>
<tr><td>Herstellkosten:</td><td>Summe aus 1. bis 5.</td></tr>
</table>

Abbildung 4.23. Schätzung der Herstellkosten.

Die Fertigungsgemeinkosten berücksichtigen alle mit der Fertigung verbundenen fixen Gemeinkosten (z. B. Zinsen und Amortisation der benötigten Werkzeugmaschinen, anteilige Kosten für Miete, Licht, Heizung, Reinigung u. ä.) und die proportionalen Gemeinkosten (z. B. Energieverbrauch, Werkzeugverschleiß, Schmiermittelverbrauch u. ä.). Die Fertigungsgemeinkosten werden üblicherweise nach Erfahrungswerten als Prozentsätze auf die Fertigungslöhne bezogen.

Unter Fertigungssonderkosten fallen die Kosten für Werkzeuge, Vorrichtungen, Schablonen, Modelle u. ä., die nur für diesen speziellen Auftrag benötigt werden und sonst nicht weiter verwendet werden können.

Wenn möglich, sollte sich der Konstrukteur bei dieser Kostenabschätzung der Mitarbeit eines erfahrenen Kalkulators bedienen, damit der Vergleich der verschiedenen Entwürfe möglichst genau vorgenommen werden kann.

In einer Fehlerkritik werden die Schwachstellen der ausgewählten Detailentwürfe zusammengestellt, um sie vielleicht beim Gesamtentwurf noch verbessern zu können.

Abbildung 4.24 zeigt das Arbeitsprogramm für dieses Arbeitsgebiet.

Die Arbeitsschritte dieses Oberprogramms sind auf jedes konstruktive Detail getrennt anzuwenden.

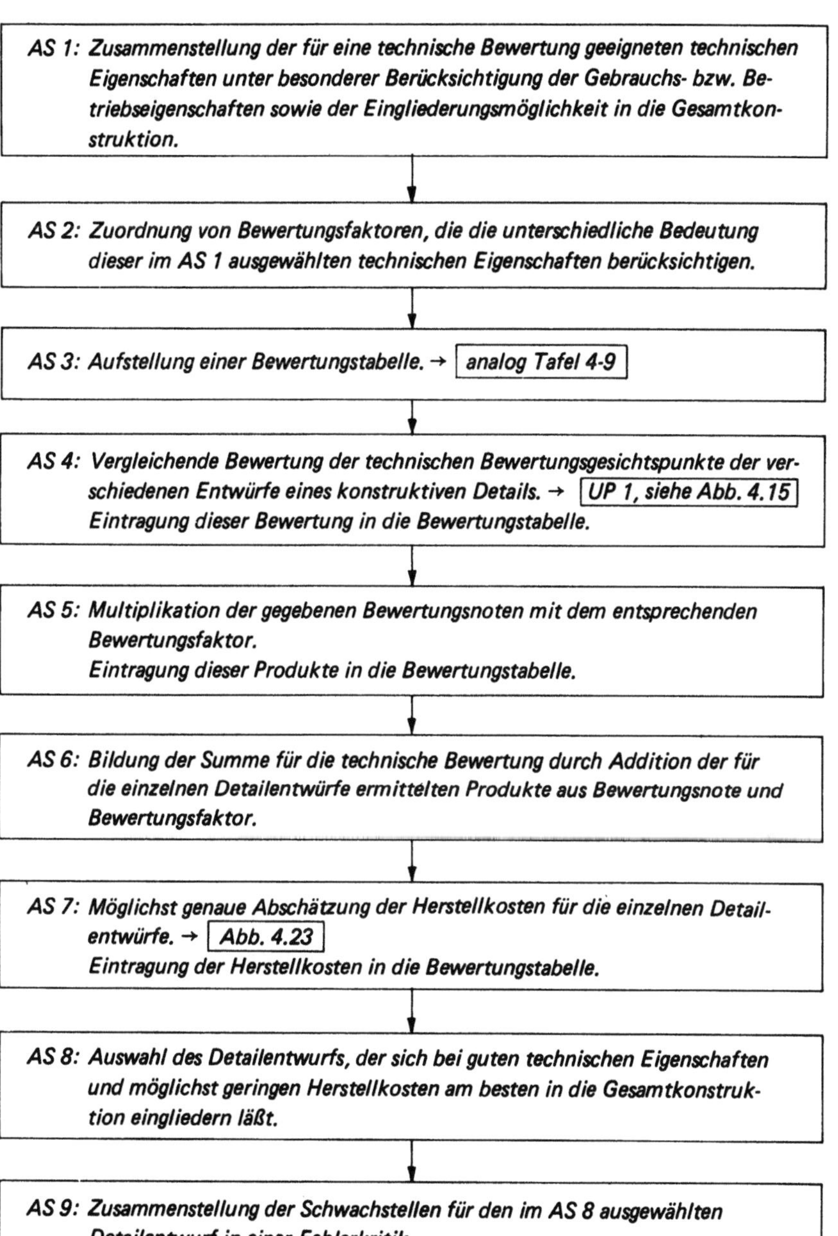

Abbildung 4.24. Oberprogramm 11: *Bewertung und Fehlerkritik der Entwürfe.*

4.12. Endgültiger Entwurf

Wenn wie gefordert bei den Detailstudien das Zusammenwirken im Rahmen der Gesamtkonstruktion berücksichtigt wurde, so ergibt sich in der Regel aus der Zusammenziehung
der ausgewählten besten Detailentwürfe der optimale Entwurf für die Gesamtkonstruktion.

In diesem maßstabsgetreuen endgültigen Entwurf der Gesamtkonstruktion werden, soweit
erforderlich und möglich, eventuell noch vorhandene einzelne Schwachstellen der Details
endgültig ausgemerzt.

Die maßstabsgetreue Skizze des endgültigen Entwurfs der Gesamtkonstruktion, in der
alle wesentlichen konstruktiven Gedanken enthalten sein müssen, stellt die Grundlage
für die anschließende Ausarbeitungsphase dar, in der die Arbeit häufig an mehrere
andere Mitarbeiter übergeben wird. Diese Entwürfsskizze muß also so klar und übersichtlich ausgeführt und gegebenenfalls mit Anweisungen versehen sein, daß auch andere Mitarbeit die Gedanken des Konstrukteurs in der Ausarbeitungsphase nachvollziehen können.

Bevor jedoch mit der Ausarbeitung begonnen wird, müssen an Hand des endgültigen Entwurfs die für das technische Gebilde zu erwartenden Herstellkosten überprüft werden.
Die von einem geübten Kalkulator entsprechend dem Schema der Abbildung 4.23 er-
rechneten Herstellungskosten müssen unbedingt weit genug unter den in der Marktanalyse
(vergleiche OP 3) ermittelten maximal zulässigen Selbstkosten liegen, denn die Selbstkosten eines technischen Gebildes ergeben sich aus der Summe seiner Herstellkosten und
den anteiligen Kosten für Entwicklung, Konstruktion, Vertrieb, Verwaltung usw. Diese
anteiligen allgemeinen Gemeinkosten kann man mittels entsprechender Erfahrungswerte
als Prozentsatz auf die Herstellkosten beziehen.

Ergibt diese erste genaue Schätzung der Herstellkosten einen zu hohen Betrag, so sollte
der Konstrukteur von verantwortlicher Stelle sofort die Entscheidung verlangen, ob die
Arbeit an diesem Projekt fortgesetzt werden soll oder nicht.

Das Arbeitsprogramm für die Erstellung des endgültigen Entwurfs ist in Abbildung 4.25
gegeben.

4.13. Gestalterische Durcharbeitung des endgültigen Entwurfs

In der jetzt beginnenden Ausarbeitungsphase wird die gesamte Konstruktion unter Zugrundelegung des endgültigen Entwurfs gestalterisch durchgearbeitet, und anschließend
werden die technischen Unterlagen erstellt.

Dabei werden diese beiden Arbeitsgebiete der Ausarbeitungsphase häufig gleitend inein-
ander übergehen und abwechselnd bearbeitet, z. B. in der Art, daß ein Einzelteil zunächst gestalterisch durchgearbeitet wird und anschließend sofort die Einzelteilzeichnung
angefertigt wird. Dann verfährt man mit dem nächsten Einzelteil entsprechend. Oft wird
die Festlegung der Gestalt (beispielsweise bei häufig verwendeten Kleinteilen) auch direkt
bei der Anfertigung der Werkstattzeichnung vorgenommen.

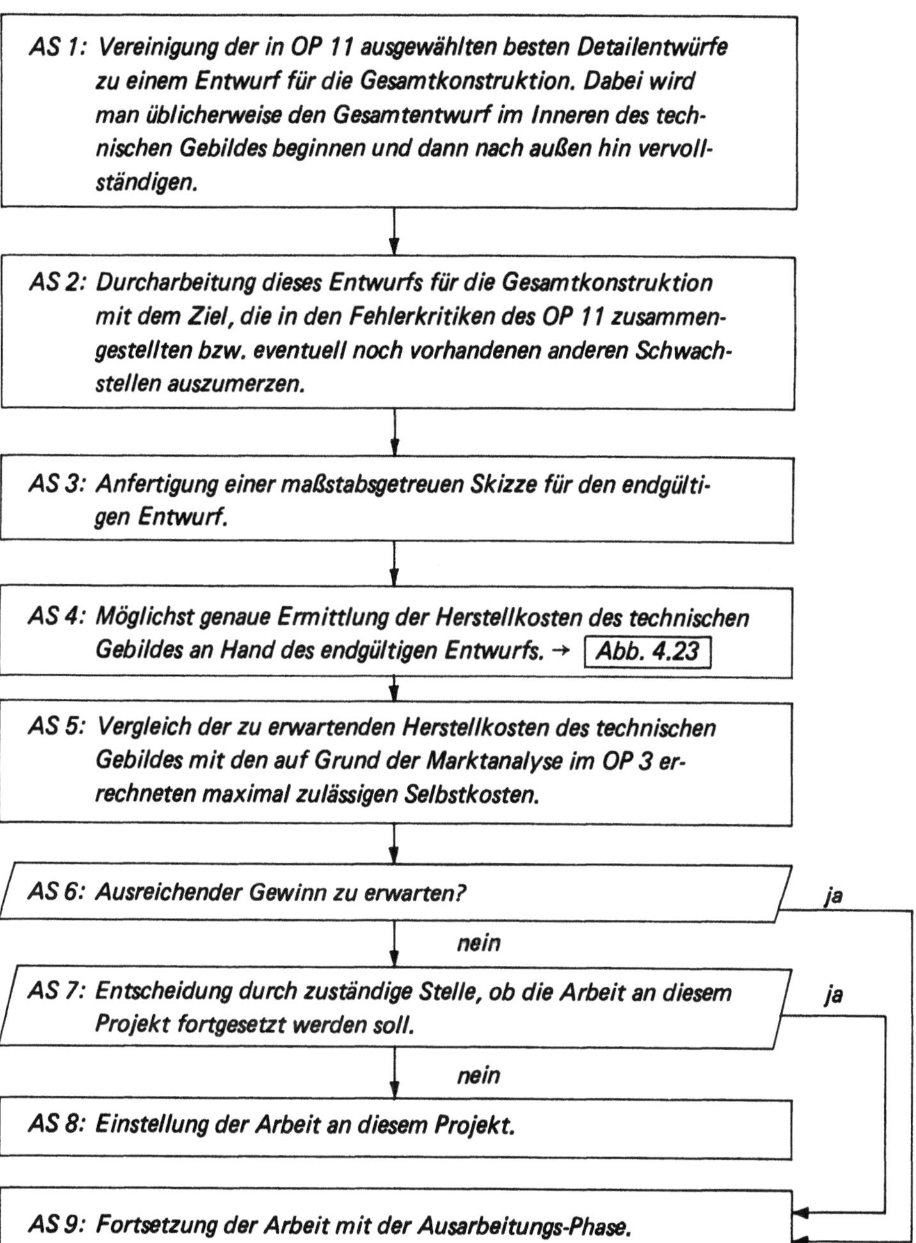

Abbildung 4.25. Oberprogramm 12: *Endgültiger Entwurf.*

Bei der gestalterischen Durcharbeitung des endgültigen Entwurfs werden die endgültigen Formen und Abmessungen aller Teile festgelegt. Dabei muß man neben den Gesichtspunkten der Werkstoffkunde und der Festigkeitslehre insbesondere auch den fertigungstechnischen Belangen größte Aufmerksamkeit schenken. Über diese rein technischen Fragen darf man aber auch die Ästhetik nicht vernachlässigen.

Auf diese gestalterischen Probleme wurde in den Abschnitten 3.3 bis 3.6 eingehend eingegangen. Das muß hier nicht nochmals wiederholt werden.

Wichtig bei der gestalterischen Durcharbeitung sind die beiden Grundsätze, daß über dem Detail nicht die Gesamtkonzeption vergessen werden darf und daß neben der zeichnerischen Arbeit die erforderlichen Festigkeitsrechnungen und eventuell nötige andere Berechnungen nicht vernachlässigt werden dürfen.

Wenn die Arbeiten in der Ausarbeitungsphase aus Gründen der Rationalisierung auch oft vom Konstruktions-Ingenieur an mehrere Technische Zeichner oder Techniker übergeben wird, so zählt diese Phase trotzdem zu den wichtigsten Arbeitsgebieten der konstruktiven Arbeit und darf in ihrer Bedeutung auf keinen Fall unterschätzt oder abgewertet werden.

Bei einer Übergabe der Gestaltungsarbeit an mehrere andere Mitarbeit muß Sorge getragen werden, daß sich alle an die im endgültigen Entwurf festgelegte Gesamtkonzeption halten.

Die Aufstellung eines festen Arbeitsprogramms für das Arbeitsgebiet der gestalterischen Durcharbeitung erscheint nicht sinnvoll, dieses Programm muß sich der Konstrukteur jeweils selbst der vorliegenden Aufgabe entsprechend aufstellen. Allgemein kann man nur sagen, daß man in der Regel den endgültigen Entwurf nach und nach in sogenannten Gestaltungszonen von innen (also bei den Mittellinien beginnend) nach außen hin gestalterisch durcharbeiten wird. Dabei werden die Formen und Abmessungen des technischen Gebildes verbindlich festgelegt.

4.14. Erstellung aller technischen Unterlagen

Die Erstellung der technischen Unterlagen schließt die eigentliche Arbeit im konstruktiven Bereich ab.

Mit den technischen Unterlagen übermittelt die Konstruktionsabteilung alle erforderlichen Informationen, die zur Herstellung, zur Prüfung, zum Versand, zur Montage, zur Inbetriebnahme und zur Wartung bzw. Reparatur des technischen Gebildes benötigt werden.

Im Idealfall würde die Konstruktionsabteilung nach der Übergabe der technischen Unterlagen an die verschiedenen anderen Abteilungen des Betriebs nichts mehr mit der weiteren Bearbeitung des betreffenden technischen Gebildes zu tun haben. In der Praxis ergeben sich jedoch häufig Rückfragen, Änderungen, Verbesserungen u. ä.

Zu den technischen Unterlagen, die vom Konstruktionsbüro für die anderen Abteilungen erstellt werden müssen, gehören insbesondere:

Einzelteil-, Zusammenstellungs- und Gesamtzeichnungen,
Stücklisten und Normungshinweise,
Schalt- und Leitungspläne aller Art,

Meß- und Prüfvorschriften,
Bau- und Montageanweisungen,
Versandvorschriften,
Betriebsanleitungen,
Wartungs- und Reparaturanweisungen.

Genauso wichtig wie die Anfertigung selbst ist die sorgfältige Überprüfung der technischen Unterlagen vor der Weiterleitung an die anderen Abteilungen. Schon kleinste Fehler in den technischen Unterlagen können größte Unannehmlichkeiten und Schäden in Fertigung und Betrieb bewirken.

Auch für die Erstellung der technischen Unterlagen ist es nicht sinnvoll, ein festes Arbeitsprogramm aufzustellen, da der richtige Ablauf der Arbeit von der jeweiligen Aufgabe bestimmt wird. Der Konstrukteur sollte vor Beginn der Arbeit jedoch jeweils unbedingt ein entsprechendes Programm aufstellen, denn richtige Planung und Zielsetzung ist mit die beste Gewähr für ein rationelles und erfolgreiches Arbeiten.

5. Beispiele

Die Anwendung der beschriebenen Konstruktionsmethode soll abschließend noch an einigen Beispielen gezeigt werden.

Bei dem in Kapitel 4 intermittierend bearbeiteten Beispiel der Spannvorrichtung konnte eventuell der Eindruck entstehen, daß das methodische Konstruieren auch bei einfachen technischen Gebilden mit sehr großem Aufwand verbunden ist. Dieser Eindruck entsteht leicht, wenn wie im Demonstrationsbeispiel der Spannvorrichtung jeder einzelne Arbeitsschritt genau erläutert wird. In der normalen Anwendung des methodischen Konstruierens, insbesondere in der Praxis, wird man natürlich auf die Erläuterungen der einzelnen Arbeitsschritte verzichten und nur die Ergebnisse festhalten. Damit wird aber der Bearbeitungsaufwand merklich reduziert.

Die Verbindung zwischen den abstrahierten Funktionen und den zu beachtenden Gegebenheiten der Aufgabenstellung ist in der Tafel 5-4 dargestellt.

Durchnumerierung. Zur leichteren Orientierung und um den Ablauf der Bearbeitung an Hand der Arbeitsprogramme besser verfolgen zu können, werden jedoch die jeweiligen Oberprogramme angegeben.

Auch die folgenden Beispiele werden jeweils nur bis zur Ermittlung des optimalen Bauprinzips durchgezogen, da damit die Entwurfs- und Konstruktionsarbeit wieder in als bekannt voraussetzbare Wege einschwenkt und die Wiedergabe aller Entwurfsskizzen, Berechnungen und technischen Unterlagen den Rahmen dieses Buches sprengen würde.

In den Beispielen wird also nur eines der drei Teilgebiete des Konstruierens, nämlich das Konzipieren, behandelt. Da aber gerade das Konzipieren für viele Studenten und auch Konstrukteure das Neue am methodischen Konstruieren ist, muß hier der Schwerpunkt der Übungsbeispiele liegen.

5.1. Beispiel Verteilergetriebe

Für einen geländegängigen LKW ist das optimale Bauprinzip für das Verteilergetriebe des Allradantriebs zu ermitteln.

OP 1:   Klärung der Aufgabenstellung.

Erste Gliederung:

Forderungen	Aufteilung eines Leistungsflusses
Wünsche	keine
Ziele	keine

Anforderungsliste mit Antworten:

Verteilungsaufgabe?	1. Fall: Antrieb nur der Hinterräder.
	2. Fall: Antrieb der Hinter- und Vorderräder.
Lage des Verteilergetriebes im LKW?	Einbau unmittelbar hinter dem Schaltgetriebe.
Zu übertragenes Drehmoment?	M_{max} = 3300 Nm. Alle Leistungsdaten des Antriebs liegen vor, werden hier aber nicht benötigt.
Anschlußmaße?	Liegen vor, werden hier aber nicht benötigt.
Abmessungen?	Nicht zu groß, nicht zu schwer.
Zusätzliche Übersetzung im Verteilergetriebe?	Erwünscht, aber nicht unbedingt erforderlich.
Schaltung?	Von Hand über Gestänge.
Drehsinn der Abtriebswelle?	Egal.
Reparaturmöglichkeit?	Möglichst einfach.
Wartung?	Möglichst wartungsfrei.
Absatzmöglichkeit?	ca. 4000 Stück.
Herstellkosten?	Möglichst niedrig.

Neue Gliederung:

Physikalische Funktionen

Forderungen	Umschaltmöglichkeit zwischen Hinterradantrieb und Allradantrieb.
Wünsche	Eventuell zusätzliche Übersetzung.
Ziele	keine

Technische Werte

    Forderungen M_{max} = 3300 Nm

    Wünsche   Abmessungen und Gewicht nicht zu groß.

    Ziele   keine

Betriebs- und fertigungstechnische Eigenschaften

    Forderungen   Kosten möglichst niedrig, Reparaturen
                               möglichst einfach, möglichst wartungsfrei.

    Wünsche   keine

    Ziele   keine

OP 2:   Ermittlungen über den Stand der Technik.

Da der Entwurf und die Berechnung von Getrieben zum normalen Aufgabenbereich und damit zum üblichen Rüstzeug eines Maschinenbauers gehören, sind zunächst einmal die in Frage kommenden Patente und die bisher üblichen Ausführungsformen von Verteilergetrieben zu studieren.

OP 3:   Weitere Vorüberlegungen zum Problem.

Hier nicht erforderlich.

OP 4:   Aufstellung der Funktionsstruktur.

Abbildung 5.1 zeigt die Prinzipskizze für die Gesamtfunktion „Leistung verzweigen".

Der vom Schaltgetriebe kommende Leistungsfluß wird je nach der Schaltstellung im Verteilergetriebe entweder nur auf die Hinterräder oder auf die Hinter- und Vorderräder geleitet.

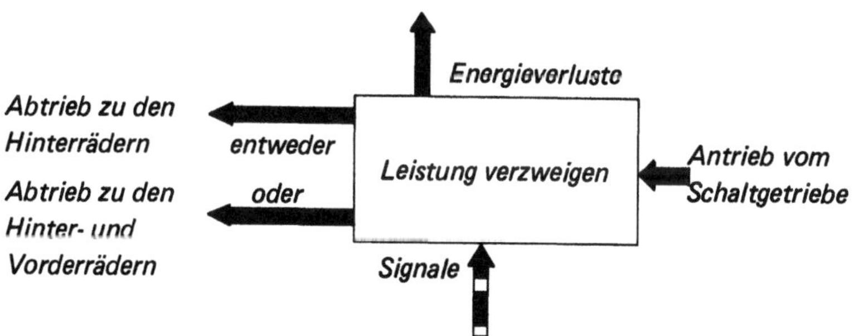

Abbildung 5.1. Prinzipskizze für die Gesamtfunktion.

Abbildung 5.2 zeigt die Skizze der Funktionsstruktur. Weitere sinnvolle Variationen ergeben sich nicht.

Der vom Schaltgetriebe kommende Leistungsfluß wird im System übertragen und zu den Hinterrädern weitergeleitet. Von diesem Leistungsfluß kann auf ein Signal des Fahrers hin ein Leistungsfluß zu den Vorderrädern abgezweigt werden. Die im System zu erwartenden Energieverluste werden an die Umgebung abgegeben.

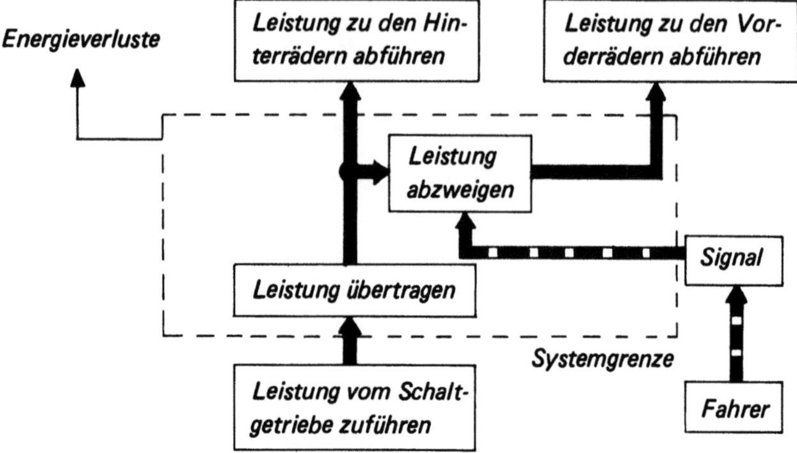

Abbildung 5.2. Skizze der Funktionsstruktur.

Tafel 5-1. Übersichtstabellen.

Gesamtfunktion:

Ziel der Gesamtfunktion	zu beachtende Forderungen	zu beachtende Gegebenheiten	
		Elemente	Eigenschaften
Leistungsüber tragung entweder nur zu den Hinterrädern oder zu den Hinterrädern und den Vorderrädern	Hinterräder werden immer angetrieben	Abtriebswellen	Eine zu den Hinterrädern, eine zu den Vorderrädern
			Beide Drehrichtungen
			Welle zu den Vorderrädern parallel zur Antriebswelle
	Anordnung des Getriebes nach dem Schaltgetriebe	Antriebswellen	Kommt von vorn
			Beide Drehrichtungen
			Anschlußmaße
	Umschaltung nach Wahl des Fahrers	Schaltgestänge	Schaltknüppel im Fahrerhaus

Tafel 5-1. (Fortsetzung)

Funktionsstruktur:

Teilfunktionen	auszuführende Tätigkeiten	zu beachtende Forderungen
Leistung über-tragen	Übertragung einer Leistung	Die Abtriebswelle zu den Hinterrädern verläuft in Richtung der Antriebswelle
		Die Abtriebswelle zu den Vorderrädern verläuft parallel zur Antriebswelle
Leistung abzweigen	Zu- bzw. Abschaltung der Leistungsübertragung zu den Vorderrädern	2 Wahlstellungen des Schalt-hebels

Die Übersichtstabellen für die Gesamtfunktion und die Funktionsstruktur, die die Verbindung zwischen den abstrahierten Funktionen und den Gegebenheiten der Aufgabenstellung geben, sind in Tafel 5-1 dargestellt.

OP 5:   Aufstellung der Verwirklichungsmöglichkeiten.

Überschlagrechnung:

Wellendurchmesser .... $d = 5{,}8 \cdot \sqrt[3]{M_t}$ bei St 70

$$= 5{,}8 \cdot \sqrt[3]{3300}$$

$$d \approx 86 \text{ mm}$$

Verwirklichungsmöglichkeiten für die Leistungsübertragung auf eine parallele Welle:

Mechanische Energie

formschlüssig	Zahnräder	2
	Kette	4
	Zahnriemen	4
kraftschlüssig	Riemen	5
	Reibräder	5

Es wird hier nur die mechanische Energie berücksichtigt, da die anderen Energie-arten keine konstengünstigen Lösungen erwarten lassen.

Verwirklichungsmöglichkeiten für die Leistungsabzweigung:

Schaltkupplungen

formschlüssig	Bolzenkupplung	2
	Klauenkupplung	1
	Zahnkupplung	1

kraftschlüssig	Einscheibenkupplung	4
	Mehrscheibenkupplung	3
	Kegelkupplung	4
	Doppelkegelkupplung	4
	Zylinderkupplungen	4
	Bandkupplung	3
	Backenkupplung	4
	Hydraulische Kupplungen	5
	Elektrische Kupplungen	5

Schaltgetriebe

formschlüssig	Zahnradgetriebe	2
	Kettentrieb	5
kraftschlüssig	Reibradgetriebe	5
	Riementrieb	5
	Hydraulische Getriebe	5

OP 6: Bewertung der Verwirklichungsmöglichkeiten.

In der ersten Bewertung werden die Abmessungen und die Herstellungskosten berücksichtigt.

Bewertungsskala:

sehr gut (1) bis ungenügend (6)

Die Bewertungsnoten wurden in der Aufstellung der Verwirklichungsmöglichkeiten eingetragen.

OP 7: Aufstellung der Bauprinzipien.

Es werden nur die Verwirklichungsmöglichkeiten berücksichtigt, die mindestens die Note gut erhielten.

Tafel 5-2 zeigt den sich aus diesen verbleibenden Verwirklichungsmöglichkeiten ergebenden morphologischen Kasten. Aus ihm ergeben sich zwei Kombinationsmöglichkeiten.

1. Kombinationsmöglichkeit:

| Leistung übertragen | Zahnräder |
| Leistung abzweigen | Kupplung |

Tafel 5-2. Morphologischer Kasten.

Teilfunktionen	Verwirklichungsmöglichkeiten	
Leistung übertragen	Zahnräder	
Leistung abzweigen	formschlüssige Kupplungen	Zahnradgetriebe

In Abbildung 5.3 sind die Bauprinzipien 1 bis 4 dargestellt, die sich für diese Kombinationsmöglichkeit anbieten.

Bauprinzip 1

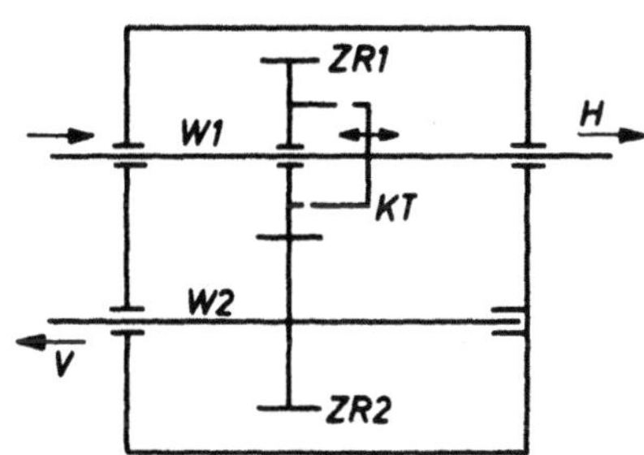

ZR 1 auf W 1 drehbar
ZR 2 auf W 2 fest
KT auf W 1 verschiebbar

Bauprinzip 2

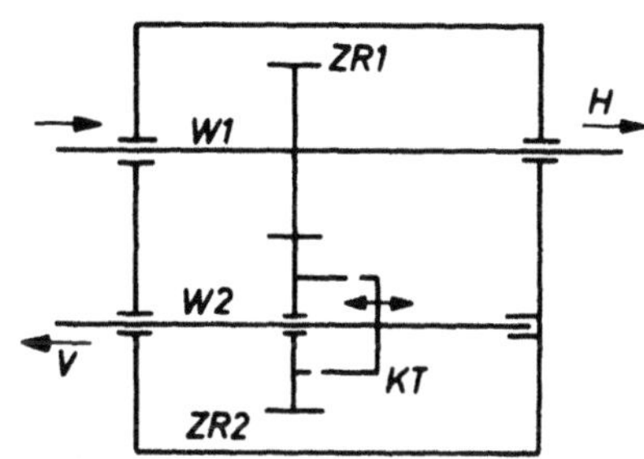

ZR 1 auf W 1 fest
ZR 2 auf W 2 drehbar
KT auf W 2 verschiebbar

Bauprinzip 3

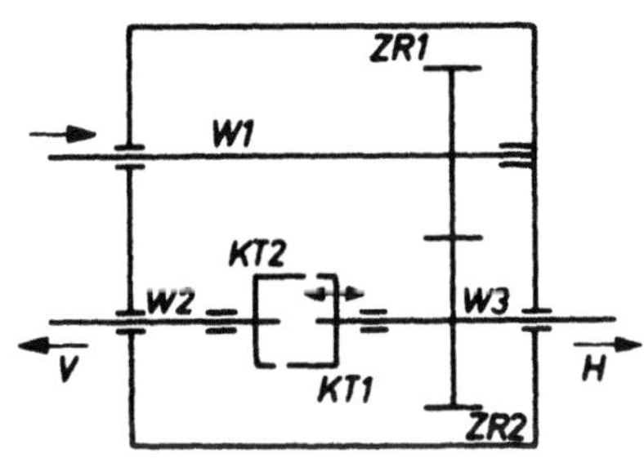

ZR 1 auf W 1 fest
ZR 2 auf W 3 fest
KT 1 auf W 3 verschiebbar
KT 2 auf W 2 fest

Bauprinzip 4

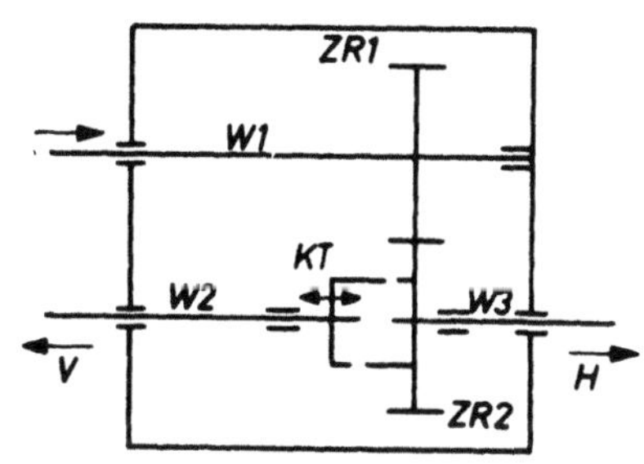

ZR 1 auf W 1 fest
ZR 2 auf W 3 fest
KT auf W 2 verschiebbar

Abbildung 5.3. Bauprinzipien 1 bis 4.

2. Kombinationsmöglichkeit:
    Leistung übertragen   Zahnräder
    Leistung abzweigen   Zahnräder

Die Bauprinzipien 5 bis 10, die sich für diese Kombinationsmöglichkeit im
Rahmen dieser Aufgabe ergeben, zeigt die Abbildung 5.4

Bauprinzip 5

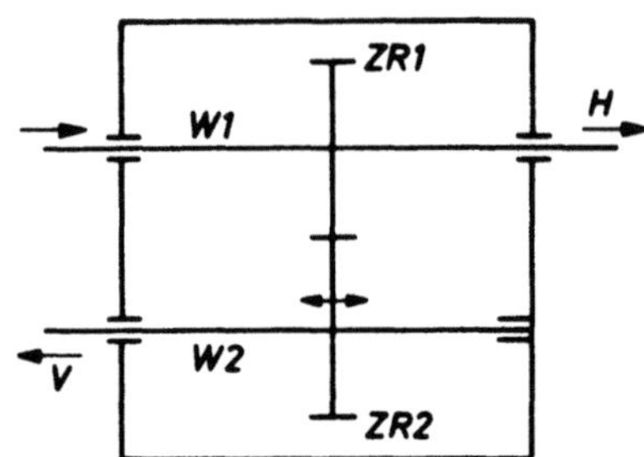

ZR 1 auf W 1 fest
ZR 2 auf W 2 verschiebbar

Bauprinzip 6

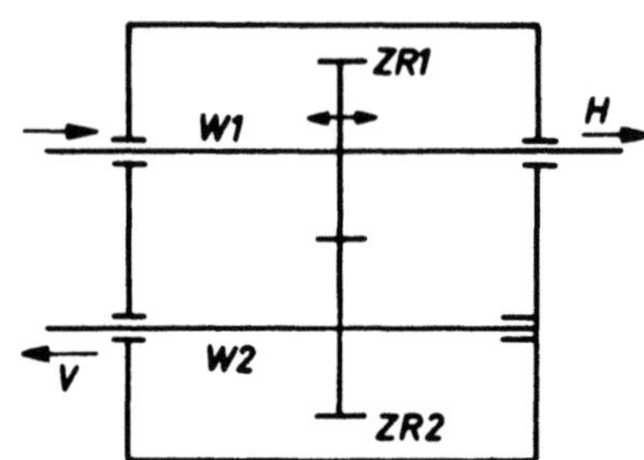

ZR 1 auf W 1 verschiebbar
ZR 2 auf W 2 fest

Bauprinzip 7

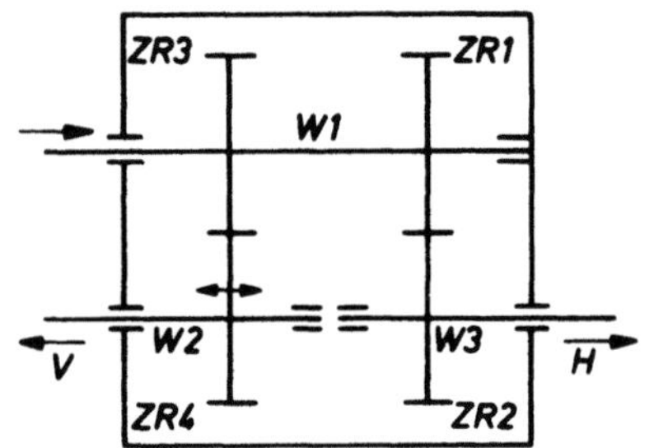

ZR 1 auf W 1 fest
ZR 2 auf W 3 fest
ZR 3 auf W 1 fest
ZR 4 auf W 2 verschiebbar

Bauprinzip 8

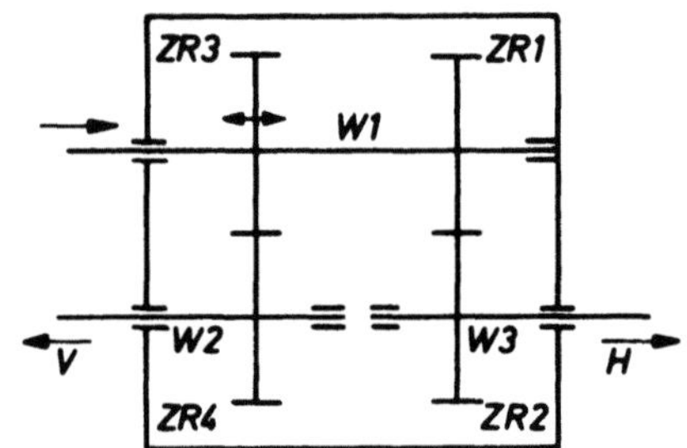

ZR 1 auf W 1 fest
ZR 2 auf W 3 fest
ZR 3 auf W 1 verschiebbar
ZR 4 auf W 2 fest

Bauprinzip 9

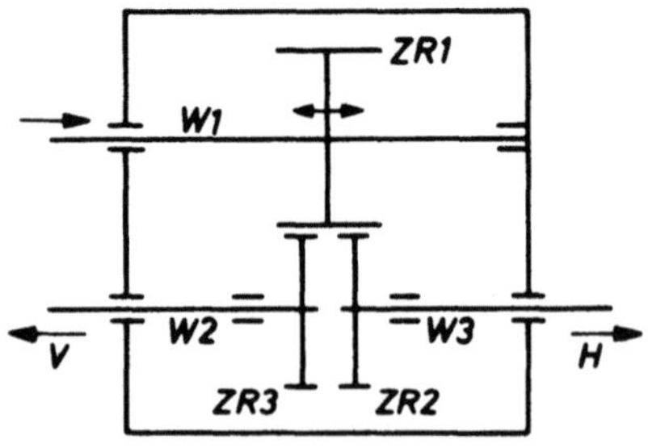

ZR 1 auf W 1 verschiebbar
ZR 2 auf W 3 fest
ZR 3 auf W 2 fest

Bauprinzip 10

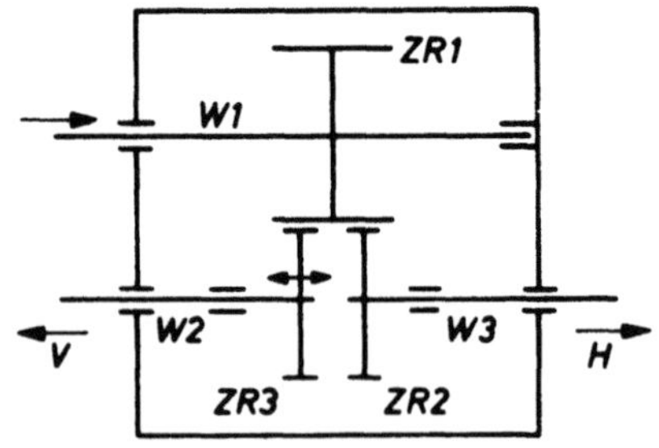

ZR 1 auf W 1 fest
ZR 2 auf W 3 fest
ZR 3 auf W 2 verschiebbar

Abbildung 5.4. Bauprinzipien 5 bis 10.

OP 8: Bewertung der Bauprinzipien und Fehlerkritik.

Bewertungsskala:

sehr gut (1) bis ungenügend (6)

Tafel 5-3 zeigt die Bewertungstabelle für die aufgestellten Bauprinzipien. Aus dieser Tafel ergeben sich die Bauprinzipien 1, 2, 5 und 6 als die besten. Sie werden für die weitere Bearbeitung ausgewählt.

Tafel 5-3. Bewertungstabelle.

Bewertungsgesichtspunkte	Bewertungsfaktor	Bauprinzipien									
		1	2	3	4	5	6	7	8	9	10
Baugröße	1	2 / 2	2 / 2	4 / 4	3 / 3	2 / 2	2 / 2	5 / 5	5 / 5	5 / 5	5 / 5
Mechanischer Wirkungsgrad	1	2 / 2	2 / 2	3 / 3	3 / 3	2 / 2	2 / 2	4 / 4	4 / 4	4 / 4	4 / 4
Erforderliche Schaltkraft	1	2 / 2	2 / 2	2 / 2	2 / 2	3 / 3	3 / 3	3 / 3	3 / 3	4 / 4	3 / 3
Zahnradverschleiß	2	1 / 2	1 / 2	3 / 6	3 / 6	2 / 4	2 / 4	4 / 8	4 / 8	5 / 10	4 / 8
Gesamtverschleiß	2	3 / 6	3 / 6	4 / 8	4 / 8	2 / 4	2 / 4	4 / 8	4 / 8	4 / 8	4 / 8
Möglichkeit zusätzlicher Übersetzung	1	3 / 3	3 / 3	1 / 1	1 / 1	3 / 3	3 / 3	1 / 1	1 / 1	1 / 1	1 / 1
Summe der technischen Eigenschaften	–	17	17	24	23	18	18	29	29	32	29
Herstellkosten	–	3	3	4	4	2	2	5	5	5	5

Fehlerkritik:

Für die vier ausgewählten Bauprinzipien werden alle Bewertungsgesichtspunkte angegeben, die nicht mindestens mit gut benotet wurden.

Schwachstellen beim Bauprinzip 1

Verschleißstellen,
Möglichkeit zusätzlicher Übersetzung,
Herstellkosten.

Schwachstellen beim Bauprinzip 2

Verschleißstellen,
Möglichkeit zusätzlicher Übersetzung,
Herstellkosten.

Schwachstellen beim Bauprinzip 5

Erforderliche Schaltkraft,
Möglichkeit zusätzlicher Übersetzung.

Schwachstellen beim Bauprinzip 6

Erforderliche Schaltkraft,
Möglichkeit zusätzlicher Übersetzung.

OP 9:   Verbesserung der Bauprinzipien.

Eine Verbesserung durch Beseitigung der Schwachstellen ist nicht möglich.

Den somit verbleibenden Schwachstellen, insbesondere bei den Bauprinzipien 5
und 6 kommt jedoch keine besondere Bedeutung zu.

Als optimale Lösung wird das Bauprinzip 5 ausgewählt, da es bei guten technischen Eigenschaften die geringsten Herstellungskosten erwarten läßt. Gegenüber dem gleich gut bewerteten Bauprinzip 6 hat es den Vorzug, daß das verschiebbare Zahnrad auf der weniger hoch und lange belasteten Welle zu den
Vorderrädern sitzt.

5.2. Beispiel Drehvorrichtung

Für eine Drehvorrichtung, die unter Einhaltung von jeweils 3 und 7 s Standzeit einen Aufnahmebügel mit einer Scheibe um 90° hin- und zurückdrehen soll, ist das optimale Bauprinzip zu ermitteln.

OP 1:   Klärung der Aufgabenstellung.

Erste Gliederung:

Forderungen	Hin- und Zurückdrehung um 90°, Standzeit jeweils 3 und 7 s im ständigen Wechsel
Wünsche	keine
Ziele	keine

Anforderungsliste mit Antworten:

Abmessungen des Aufnahmebügels?	Flachstahl 50 × 10, U-förmig gebogen, Breite 600 mm, Höhe 250 mm.
Raumangebot für die Drehvorrichtung?	Keine Beschränkungen.
Was für Scheiben werden mit dem Aufnahmebügel gedreht?	Holzscheiben von 1 cm Dicke, 60 cm Breite und 100 cm Höhe.
Wie werden die Scheiben im Aufnahmebügel befestigt?	Klemmverbindung. (Muß hier nicht untersucht werden)

Wie erfolgt die Beschickung des Aufnahmebügels mit Scheiben?	Automatisch. (Muß hier nicht untersucht werden)
Darf die Vorrichtung immer rundum drehen?	Nein, nur hin- und herdrehen um 90°.
Länge der Drehzeit?	Möglichst kurz.
Müssen die Standzeiten veränderbar sein?	Wäre sehr wünschenswert.
Wie oft sind gegebenenfalls die Standzeiten zu verändern?	Täglich einige Male.
Wirken während der Standzeiten von außen Kräfte auf die Scheibe ein?	Ja, Dreh- und Kippkräfte geringer Größe.
Ist während der Standzeiten absoluter Stillstand erforderlich?	Ja.
Welche Energiearten stehen zur Verfügung?	Als Ausgangserergie nur elektrische Energie.

Neue Gliederung:

Physikalische Funktionen

Forderungen	Hin- und Zurückdrehen des Aufnahmebügels, Einhaltung vorgegebener Standzeiten mit absoluter Ruhestellung, Drehung möglichst schnell, von außen steht nur elektrische Energie zur Verfügung.
Wünsche	Variation der Standzeiten.
Ziele	keine

Technische Werte

Forderungen	Drehwinkel 90°, Standzeit abwechselnd 3 und 7 s, Aufnahmebügel: Flachstahl 50 × 10, U-förmig gebogen, Breite 600 mm, Höhe 250 mm.
Wünsche	keine
Ziele	keine

OP 2:   Ermittlungen über den Stand der Technik.

Studium von Drehvorrichtungen aller Art, wie sie z. B. in Verpackungsmaschinen, in Druckereimaschinen, an Fließbändern oder in Schießanlagen Verwendung finden.

Zusammenstellung aller in Frage kommenden Patente und Schutzansprüche.

OP 3:   Weitere Vorüberlegungen zum Problem.

Stückzahl: Kleine Serie.
Herstellkosten: So niedrig wie möglich.
Termin Konstruktionsende: So schnell wie möglich.

OP 4:   Aufstellung der Funktionsstruktur.

Abbildung 5.5 zeigt die Prinzipskizze der Gesamtfunktion „Aufnahmebügel hin- und herdrehen".

Der Aufnahmebügel der Vorrichtung wird auf ein Signal hin um 90° gedreht und nach einer bestimmten Standzeit auf ein anderes Signal hin wieder in die Ausgangsstellung zurückgedreht. Nach Ablauf einer weiteren Standzeit beginnt der Drehvorgang erneut. Auftretende Energieverluste werden an die Umgebung abgegeben.

Abbildung 5.6 zeigt die Skizze der Funktionsstruktur. Variationen der Funktionsstruktur sind z. B. bezüglich der Systemgrenze und der Teilfunktionen möglich, jedoch lassen die anderen Strukturen gegenüber der angegebenen keine Vorteile erkennen.

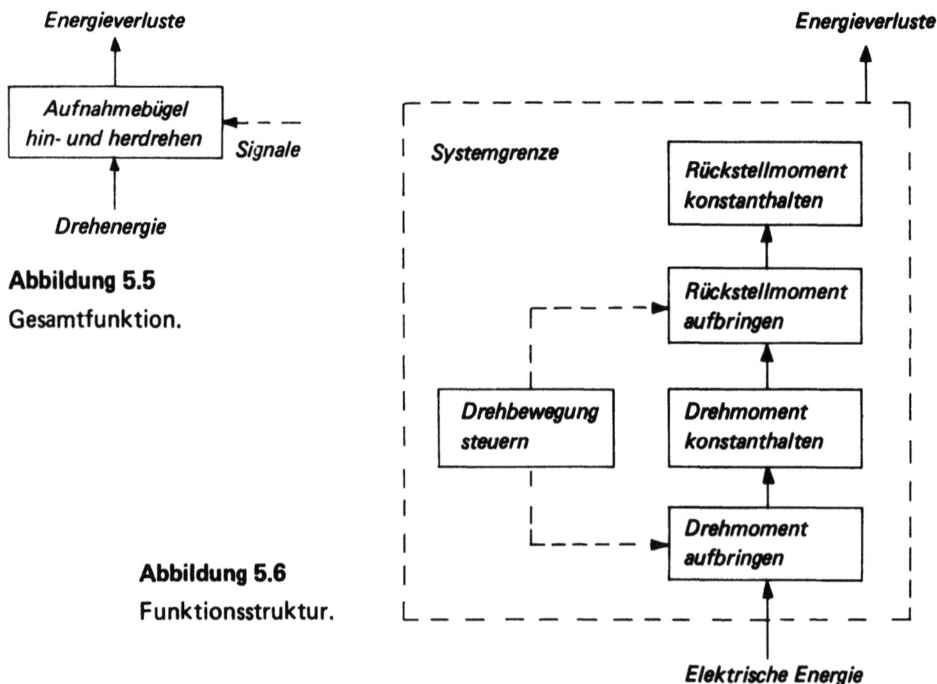

Abbildung 5.5
Gesamtfunktion.

Abbildung 5.6
Funktionsstruktur.

Ausgehend von elektrischer Energie wird im System auf ein Steuersignal hin ein Drehmoment wirksam, das den Aufnahmebügel um 90° dreht. Das Drehmoment wird auch während der anschließenden Standphase des Bügels konstant gehalten, damit der Bügel in der Ruhelage fixiert bleibt. Nach Ablauf der vorgesehenen Standzeit wird durch ein anderes Steuersignal ein entgegengesetzt wirkendes Drehmoment wirksam, das den Aufnahmebügel in seine Ausgangsposition zurückdreht und ihn in dieser Lage mit konstant bleibendem Moment festhält. Nach Ablauf der für diese Ruhelage vorgesehenen Zeit leitet die Steuerung eine neue Drehbewegung ein. Auftretende Energieverluste werden an die Umgebung abgegeben.

Die Verbindung zwischen den abstrahierten Funktionen und den zu beachtenden Gegebenheiten der Aufgabenstellung ist in der Tafel 5-4 dargestellt.

Tafel 5-4. Übersichtstabellen.

Gesamtfunktion:

Ziel der Gesamtfunktion	zu beachtende Forderungen	zu beachtende Gegebenheiten	
		Elemente	Eigenschaften
Hin- und zurückdrehen eines Aufnahmebügels	Aufnahmebügel muß eine Holzscheibe aufnehmen	Aufnahmebügel	Abmessungen vorgegeben
		Holzscheibe	Abmessungen vorgeben
	Antrieb durch elektrische Energie	Stromversorgung	380/220 V ~

Funktionsstruktur:

Teilfunktionen	auszuführende Tätigkeiten	zu beachtende Forderungen
Drehmoment aufbringen	Drehung des Aufnahmebügels um 90°	Drehung möglichst schnell
Drehmoment konstanthalten	Fixierung des Aufnahmebügels in der Ruhestellung	vorgegebene Standzeit muß genau eingehalten werden
		Aufnahmebügel mit Scheibe darf sich nicht bewegen
Rückstellmoment aufbringen	Rückdrehung des Aufnahme bügels um 90° in die Ausgangsposition	Drehung möglichst schnell
Rückstellmoment konstanthalten	Fixierung des Aufnahmebügels in der Ruhestellung	vorgegebene Standzeit muß genau eingehalten werden
		Aufnahmebügel mit Scheibe darf sich nicht bewegen
Drehbewegung steuern	Steuerung der Drehbewegungen	Drehzeiten sind in den Standzeiten nicht enthalten
		vorgegebene Standzeiten sind genau einzuhalten
		Standzeiten sollten möglichst einfach zu verändern sein

OP 5:   Aufstellung der Verwirklichungsmöglichkeiten.

Überschlagsrechnung:

Das Massenträgheitsmoment J_{z_1} für die zu drehenden Holzscheiben wird

$$J_{z_1} = \frac{1}{12} \cdot m \cdot b^2 = \frac{1}{12} \cdot \rho \cdot h \cdot b^3 \cdot s$$

$$= \frac{1}{12} \cdot 700 \cdot 1 \cdot 0{,}6^3 \cdot 0{,}01$$

$$J_{z_1} = 0{,}1260 \ \mathrm{kg} \cdot \mathrm{m}^2$$

Unter Verwendung des Steinerschen Satzes ergibt sich für den Aufnahmebügel ein Massenträgheitsmoment J_{z_2} zu

$$J_{z_2} = J_{\square} + 2 \cdot (J_{\square} + m_{\square} \cdot a_{\square}^2)$$

$$= \frac{1}{12} \cdot \rho \cdot b \cdot s \cdot B^3 + 2 \cdot \left[\frac{1}{12} \cdot \rho \cdot b^3 \cdot s \cdot H + \rho \cdot b \cdot s \cdot H \cdot \left(\frac{B}{2} \right)^2 \right]$$

$$= \frac{1}{12} \cdot 7850 \cdot 0{,}05 \cdot 0{,}01 \cdot 0{,}6^3 +$$

$$+ 2 \cdot \left[\frac{1}{12} \cdot 7850 \cdot 0{,}05^3 \cdot 0{,}01 \cdot 0{,}25 + 7850 \cdot 0{,}05 \cdot 0{,}01 \cdot 0{,}25 \cdot \left(\frac{0{,}6}{2} \right)^2 \right]$$

$$J_{z_2} = 0{,}2477 \ \mathrm{kg} \cdot \mathrm{m}^2$$

Einschließlich der anderen in Form und Abmessungen noch unbekannten Teile x der Drehvorrichtung wird das gesamte Massenträgheitsmoment J_z geschätzt auf

$$J_z = J_{z_1} + J_{z_2} + J_{z_x}$$

$$= 0{,}1260 + 0{,}2477 + J_{z_x}$$

$$J_z = 1 \ \mathrm{kg} \cdot \mathrm{m}^2$$

Wenn die Drehzeit für einen Drehwinkel $\varphi = 90°$ mit $t = 0{,}3 \ \mathrm{s}$ angesetzt wird, dann ergibt sich für die Winkelbeschleunigung

$$\epsilon_0 = \frac{2 \cdot \varphi}{t^2}$$

$$= \frac{2 \cdot 1{,}5708}{0{,}3^2}$$

$$\epsilon_0 = 34{,}90 \ \mathrm{s}^{-2}$$

Das erforderliche Antriebsmoment wird dann

$$M = J_z \cdot \epsilon_0$$

$$= 1 \cdot 34{,}9$$

$$M = 34{,}9 \ \mathrm{kg} \cdot \mathrm{m}^2 \cdot \mathrm{s}^{-2} \hat{=} 34{,}9 \ \mathrm{N} \cdot \mathrm{m}$$

Verwirklichungsmöglichkeiten für die Aufbringung des Drehmoments bzw. des
Rückstellmoments:

Elektromotor	3
Elektromagnet	3

Verwirklichungsmöglichkeiten für die Konstanthaltung des Drehmoments bzw.
des Rückstellmoments:

Reibung (Selbsthemmung)	1
Feder	2
Gewicht	2
Elektromagnet	3
Anschlag	1
Gesperre	3
Raste	2
Kurvenscheibe	3

Verwirklichungsmöglichkeiten für die Steuerung der Drehbewegung:

Kurvenscheibe	3
Kurbeltrieb	3
Schaltuhr	3

OP 6: Bewertung der Verwirklichungsmöglichkeiten.

In der ersten Bewertung werden nur die Herstellungskosten berücksichtigt.

Bewertungsskala:
sehr gut (1) bis ungenügend (6)
Die Bewertungsnoten wurden in die Aufstellung der Verwirklichungsmöglichkeiten eingetragen.

OP 7: Aufstellung der Bauprinzipien.

Da die Zahl der Verwirklichungsmöglichkeiten für die einzelnen Teilfunktionen
nicht sehr groß ist und nur mindestens befriedigende Noten gegeben wurden,
werden alle Verwirklichungsmöglichkeiten berücksichtigt.
Die Tafel 5-5 faßt die Verwirklichungsmöglichkeiten in einem morphologischen
Kasten zusammen. Dieser morphologische Kasten bildet die Grundlage für die
Auswahl geeigneter Kombinationsmöglichkeiten.

Tafel 5-5. Morphologischer Kasten.

Teil-funktionen	5. Drehbewegung steuern	4. Rückstellmoment konstanthalten	3. Rückstellmoment aufbringen	2. Drehmoment konstanthalten	1. Drehmoment aufbringen
Verwirklichungsmöglichkeiten (Elemente) zunehmende Her-stellkosten	Kurvenscheibe	Reibung (Selbsthemmung)	Elektromotor	Reibung (Selbsthemmung)	Elektromotor
	Schaltuhr	Anschlag	Elektromagnet	Anschlag	Elektromagnet
	Kurbelgetriebe	Feder		Feder	
		Gewicht		Gewicht	
		Raste		Raste	
		Kurvenscheibe		Kurvenscheibe	
		Elektromagnet		Elektromagnet	
		Gesperre		Gesperre	

1. Kombinationsmöglichkeit:

Teilfunktion 1	Elektromotor
Teilfunktion 2	Selbsthemmung
Teilfunktion 3	Elektromotor
Teilfunktion 4	Selbsthemmung
Teilfunktion 5	Schaltuhr

Das sich aus dieser Kombinationsmöglichkeit ergebende Bauprinzip ist ebenso wie die folgenden in Abbildung 5.7 dargestellt.

2. Kombinationsmöglichkeit:

Teilfunktion 1	Elektromotor
Teilfunktion 2	Feder
Teilfunktion 3	Elektromotor
Teilfunktion 4	Feder
Teilfunktion 5	Kurvenscheibe

3. Kombinationsmöglichkeit:

Teilfunktion 1	Elektromotor
Teilfunktion 2	Anschlag
Teilfunktion 3	Elektromotor
Teilfunktion 4	Anschlag
Teilfunktion 5	Kurbeltrieb

4. Kombinationsmöglichkeit:

Teilfunktion 1	Elektromagnet
Teilfunktion 2	Elektromagnet
Teilfunktion 3	Elektromagnet
Teilfunktion 4	Elektromagnet
Teilfunktion 5	Schaltuhr

5. Kombinationsmöglichkeit:

Teilfunktion 1	Elektromagnet
Teilfunktion 2	Feder
Teilfunktion 3	Elektromagnet
Teilfunktion 4	Feder
Teilfunktion 5	Schaltuhr

Weitere Kombinationsmöglichkeiten und Bauprinzipien, die sich aus dem morphologischen Kasten ergeben, lassen sofort erkennen, daß sie höhere Herstellungskosten benötigen werden, als einige der bereits angegebenen Bauprinzipe, gegenüber diesen aber keine technischen Vorteile bieten. Auf ihre Darstellung wurde daher verzichtet.

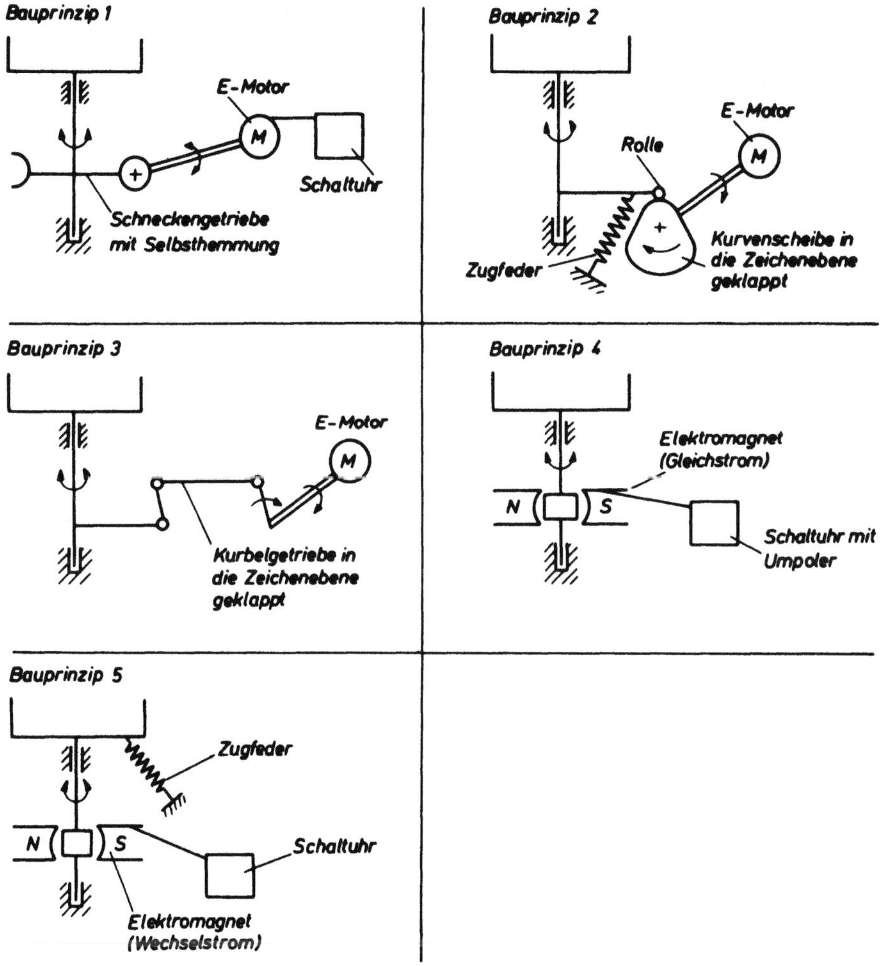

Abbildung 5.7. Bauprinzipien.

OP 8:   Bewertung der Bauprinzipien und Fehlerkritik.

Bewertungsskala:

sehr gut (1) bis ungegnügend (6)

Tafel 5-6 zeigt die Bewertungstabelle für die aufgestellten Bauprinzipien. Wie man der Bewertung entnimmt, sind bei Bauprinzip 5 und 6 die geringsten Herstellkosten zu erwarten bei gleichzeitig besten technischen Eigenschaften. Nur diese beiden Bauprinzipien werden daher für die weitere Bearbeitung ausgewählt.

Auf eine Fehlerkritik kann hier verzichtet werden, da keine Bewertung schlechter als gut gegeben wurde.

Tafel 5-6. Bewertungstabelle.

Bewertungsgesichtspunkte	Bewertungsfaktor	Bauprinzipien				
		1	2	3	4	5
Drehzeit	1	3	3	2	1	1
Verschleiß	2	4 8	3 6	3 6	1 2	1 2
Veränderungsmöglichkeit für die Standzeiten	2	1 2	4 8	5 10	1 2	1 2
Wartung	1	3	2	2	1	1
Fixierung während der Standzeiten	2	1 2	2 4	3 6	1 2	2 4
Einhaltung des Drehwinkels	2	3 6	2 4	2 4	1 2	1 2
Summe der technischen Bewertung	–	24	27	30	10	12
Herstellkosten	–	5	4	3	3	2

OP 9:   Verbesserung der Bauprinzipien.

Verbesserungen sind nicht erforderlich und bieten sich auch nicht an.

Als optimale Lösung wird wegen der geringeren Herstellkosten das Bauprinzip 5 ausgewählt, da keine entscheidenden technischen Unterschiede vorliegen.

Sachwortverzeichnis

Lehrsystem Maschinenelemente

Lehrbuch Maschinenelemente

Normung — Berechnung — Gestaltung

Von Hermann Roloff und Wilhelm Matek unter Mitarbeit von Dieter Muhs und Herbert Wittel

7., durchgesehene und verbesserte Auflage 1976. XV, 608 Seiten + 96 Seiten Anhang mit 436 Abbildungen, 48 Tabellen und Tabellenanhang. DIN C 5. Gebunden

Aufgabensammlung Maschinenelemente

Aufgaben — Lösungshinweise — Ergebnisse

Von Hermann Roloff, Wilhelm Matek, Dieter Muhs und Herbert Wittel

4., neu bearbeitete Auflage 1975. IV, 331 Seiten mit 329 Abbildungen und 393 Aufgaben. DIN C 5. Kartoniert

Arbeitstransparente Maschinenelemente

Ausgewählt und zusammengestellt von Gerhard Werstein unter Mitarbeit von Wilhelm Matek, Dieter Muhs und Herbert Wittel

50 Arbeitstransparente 2-farbig (schwarz/rot). 26 X 26 cm. Kassette

---

Alfred Böge

Arbeitshilfen und Formeln für das technische Studium

Band 1: Grundlagen

Unter Mitarbeit von Klemens Herrmann, Walter Schlemmer und Wolfgang Weißbach
2., durchgesehene Auflage 1976. VIII, 264 Seiten mit 446 Abbildungen. DIN C 5. Kartoniert

Band 2: Konstruktion

1977. ca. 130 Seiten. DIN C 5. Kartoniert

Inhalt: Toleranzen und Passungen — Schraubenverbindungen — Federn — Achsen — Wellen — Zapfen — Nabenverbindungen — Kupplungen — Gleitlager — Zahnradgetriebe mit Planetengetriebe — Flach- und Keilriemengetriebe — Stahlbau.

Band 3: Fertigungstechnik

In Vorbereitung

» vieweg

MIX
Papier aus verantwortungsvollen Quellen
Paper from responsible sources
FSC® C105338

If you have any concerns about our products,
you can contact us on
ProductSafety@springernature.com

In case Publisher is established outside the EU,
the EU authorized representative is:
Springer Nature Customer Service Center GmbH
Europaplatz 3, 69115 Heidelberg, Germany

Printed by Libri Plureos GmbH
in Hamburg, Germany